Le modèle de labyrinthectomie chez le rat

Martin Hitier

Le modèle de labyrinthectomie chez le rat

Anatomie, Techniques et Conséquences

Presses Académiques Francophones

Impressum / Mentions légales
Bibliografische Information der Deutschen Nationalbibliothek: Die Deutsche Nationalbibliothek verzeichnet diese Publikation in der Deutschen Nationalbibliografie; detaillierte bibliografische Daten sind im Internet über http://dnb.d-nb.de abrufbar.
Alle in diesem Buch genannten Marken und Produktnamen unterliegen warenzeichen-, marken- oder patentrechtlichem Schutz bzw. sind Warenzeichen oder eingetragene Warenzeichen der jeweiligen Inhaber. Die Wiedergabe von Marken, Produktnamen, Gebrauchsnamen, Handelsnamen, Warenbezeichnungen u.s.w. in diesem Werk berechtigt auch ohne besondere Kennzeichnung nicht zu der Annahme, dass solche Namen im Sinne der Warenzeichen- und Markenschutzgesetzgebung als frei zu betrachten wären und daher von jedermann benutzt werden dürften.

Information bibliographique publiée par la Deutsche Nationalbibliothek: La Deutsche Nationalbibliothek inscrit cette publication à la Deutsche Nationalbibliografie; des données bibliographiques détaillées sont disponibles sur internet à l'adresse http://dnb.d-nb.de.
Toutes marques et noms de produits mentionnés dans ce livre demeurent sous la protection des marques, des marques déposées et des brevets, et sont des marques ou des marques déposées de leurs détenteurs respectifs. L'utilisation des marques, noms de produits, noms communs, noms commerciaux, descriptions de produits, etc, même sans qu'ils soient mentionnés de façon particulière dans ce livre ne signifie en aucune façon que ces noms peuvent être utilisés sans restriction à l'égard de la législation pour la protection des marques et des marques déposées et pourraient donc être utilisés par quiconque.

Coverbild / Photo de couverture: www.ingimage.com

Verlag / Editeur:
Presses Académiques Francophones
ist ein Imprint der / est une marque déposée de
AV Akademikerverlag GmbH & Co. KG
Heinrich-Böcking-Str. 6-8, 66121 Saarbrücken, Deutschland / Allemagne
Email: info@presses-academiques.com

Herstellung: siehe letzte Seite /
Impression: voir la dernière page
ISBN: 978-3-8381-7580-5

Remerciements aux personnes qui ont contribué à la réalisation de ce travail :

-Professeur Sylvain Moreau *(Service ORL-Chirurgie cervico-faciale / laboratoire d'anatomie université de Caen)*

-Professeur Pierre Denise *(Laboratoire Inserm ERI 27 « Mobilités : cognition et temporalité »*

. -Dr Stéphane Besnard *(Laboratoire Inserm ERI 27 « Mobilités : cognition et temporalité »)*

-Dr Claire Boutet *(Neuroradiologie CHU de Caen)*

-Dr Simon Roussel *(Centre d'imagerie en neurosciences Cyceron, Caen)*

- Mlle Isabelle Enderlé *(Laboratoire d'anatomie, université de Caen)*

- Mr Jean Marc Elissade *(Laboratoire d'anatomie, université de Caen)*

- Mr Bruno Philoxène *(Laboratoire Inserm ERI 27 « Mobilités : cognition et temporalité »)*

« *Le commencement de toutes les sciences, c'est l'étonnement de ce que les choses sont ce qu'elles sont...*
La science consiste à passer d'un étonnement à un autre.»

Aristote
A la decouverte de la science

Sommaire

Liste des Abréviations

FVSC	Faisceau Vestibulospinal Caudal
FVSL	Faisceau Vestibulospinal Latéral
FVSM	Faisceau Vestibulospinal Médian
GluRd2	Récepteur au Glutamate delta 2
HRVO	Réflexe Vestibulo-Oculomoteur Horizontal
LB	Labyrinthectomie Bilatérale
LU	Labyrinthectomie Unilatérale
NVI	Noyau Vestibulaire Inférieur
NVL	Noyau Vestibulaire Latéral
NVM	Noyau Vestibulaire Médial
NVS	Noyau Vestibulaire Supérieur
PKC	Protéine Kinase C
PP2A	Protéine Phosphatase 2A
ROC	Réflexe Opto Cinétique
RVO	Réflexe Vestibulo-Oculomoteur
SNC	Système Nerveux Central
VRVO	Réflex Vestibulo-Oculomoteur Vertical

Introduction

L'otologie, tant historiquement que dans l'esprit du grand public, représente la base de cette vaste spécialité qu'est devenue l'Oto-Rhino-Laryngologie. L'oreille évoque avant tout le rôle auditif de cet organe, probablement parce qu'il joue un rôle fondamental dans notre perception consciente du monde (« Sans la Musique, la Vie serait une erreur. » disait Nietzsche[79]). Le rôle vestibulaire de l'oreille, lui, reste dans l'ombre, tant qu'il est fonctionnel. La célèbre formule de Leriche[15] « la santé, c'est la vie dans le silence des organes », s'applique particulièrement bien à l'organe de l'équilibre.

Pour le clinicien , l'oreille doit s'appréhender dans sa globalité et ses fonctions cochléaires et vestibulaires restent intimement liées, sur le plan anatomique et physiopathologique. La connaissance et la compréhension du système vestibulaire constituent donc un domaine fondamental de l'otologie. Notre travail s'inscrit dans cette dynamique d'étude du système vestibulaire. Pour rompre le « silence de l'organe », nous nous sommes intéressés à un modèle lésionnel : la destruction de l'organe de l'équilibre effectuée par labyrinthectomie. L'utilisation de ce modèle au court de travaux personnels de recherches chez le rat[50] a éveillé un grand nombre de questions pratiques et théoriques : comment réaliser la lésion ? Quels sont les effets secondaires imputables à la réalisation de la lésion ? Quelles sont les conséquences de la lésion indispensable à connaître pour interpréter nos résultats sans effectuer de biais, en particulier lié au retentissement sur le système nerveux central ? Le but de ce travail est de présenter certaines réponses à ces questions et les réflexions qu'elles ont suscitées.

La première partie s'attache au problème anatomique : tout travail sur le vivant nécessitant un minimum de notions anatomiques, il nous a paru indispensable de nous familiariser avec l'anatomie animale et d'établir un certain parallèle avec l'anatomie humaine qui nous est plus familière.

Une fois l'anatomie de l'organe et son environnement établi, on est à même d'appréhender les différents moyens de détruire le labyrinthe. Les techniques de labyrinthectomies qui réalisent le modèle lésionnel constitueront ainsi la deuxième partie de cet exposé.

Enfin la troisième et dernière partie abordera les conséquences de cette labyrinthectomie tant au niveau clinique que cellulaire ou moléculaire.

Chapitre 1:

Anatomie crânio-cervicale du Rat

La réalisation de la lésion labyrinthique nécessite une connaissance de l'anatomie de l'oreille et de ses principaux rapports. Nous commencerons par décrire l'anatomie générale du crâne qui contient l'oreille moyenne et interne.

1 Anatomie osseuse crânio-faciale

Le squelette crânio-facial du rat se divise en deux régions : le neurocrâne (qui correspond au crâne en anatomie humaine) et le splanchnocrâne (qui correspond à la face en anatomie humaine).

1.1 Anatomie osseuse du neurocrâne [48,45]

1.1.1 Généralités

Chez tous les vertébrés, le neurocrâne assure un rôle de protection de l'encéphale et de certains organes sensoriels, dont l'organe stato-acoustique.

Chez le rat comme chez l'homme, on distingue au crâne deux parties : la voûte du crâne qui forme sa partie supérieure et la base du crâne qui forme sa partie inférieure :

- La voûte est formée de 8 os :
    - o Sa partie rostrale est représentée par la structure verticale des 2 os frontaux
    - o Sa partie latérale par les 2 os pariétaux, et les 2 os squamosaux
    - o Sa partie caudale par l'os interpariétal et l'écaille de l'os occipital

- La base est constituée de 7 os qui forment 3 parties :

o L'étage antérieur ou « fronto-ethmoïdale » : formé des 2 os frontaux et de l'ethmoïde en avant et limité par le présphénoïde en arrière.

o L'étage moyen ou « spheno-temporal » : constitué principalement de l'os sphénoïde qui rentre en rapport latéralement avec les os temporaux.

o L'étage postérieur ou « occipito-temporal » : formé médialement par l'os occipital et latéralement par les os temporaux.

Le crâne du rat est donc constitué de 10 os dont 9 ont leur équivalent chez l'homme : les 2 os frontaux, l'ethmoïde, le sphénoïde, les 2 os temporaux, l'occipital et les 2 pariétaux. Le dixième os, l'os interpariétal n'a pas d'équivalent chez l'homme.

Les os du crâne ménagent entre eux ou en leur sein des foramens, permettant le passage des éléments vasculo-nerveux d'origine ou à destinée endocrânienne.

1.1.2 Les os du neurocrâne

1.1.2.1 L'os frontal

Le frontal est un os pair situé à la partie antérolatéral du crâne, au-dessus du massif facial. Il participe ainsi à la constitution des cavités nasales et orbitaires.

Il comporte 2 parties :

• Sa **partie frontale** est horizontale [*Figure 1 (13,*] Elle rentre en rapport rostralement avec l'os nasal, caudalement avec l'os pariétal et médialement avec l'os frontal controlatéral.

• Sa **partie orbito-nasale** est verticale .[*Figure 1 (12)*] . Elle est séparée de la partie horizontale de l'os par la crête frontale. La partie orbito-nasale du frontal est en rapport rostralement avec les apophyses naso-frontales du prémaxillaire et fronto-orbitaires du maxillaire. Ventralement elle s'articule avec les os sphénoïde, ethmoïde, palatin et maxillaire. Caudalement elle s'articule avec l'os temporal.

Le foramen ethmoïdal, formé entre l'os frontal et l'ethmoïde, est traversé par l'artère et le nerf ethmoïdal antérieur, qui prolonge le nerf naso-cilliaire (V_1).[*Figure 2(22)*]. Le nerf et l'artère quitte ainsi la cavité orbitaire et rejoignent la lame criblée de l'ethmoïde.).[*Figure 2(21)*]

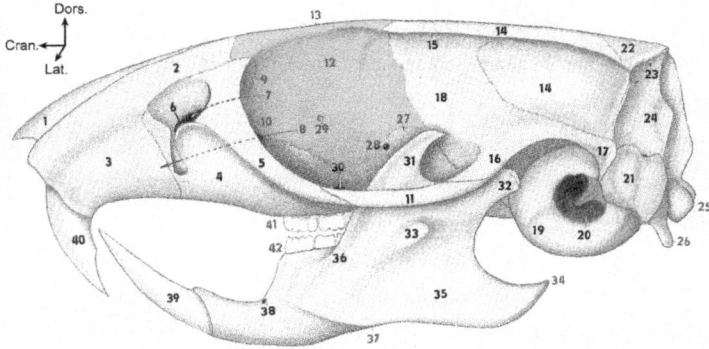

Figure 1 : Vue latérale de l'os frontal du rat *(schéma d'après Popesko[90], coloration M.Hitier)* :(1) os nasal ; (2) apophyse nasofrontale du prémaxillaire ; (4-8) os maxillaire ; (12) partie orbito-nasale de l'os frontal ; (13) partie frontale de l'os frontal ; (14) os pariétal ; (15-21) os temporal ; (27) basisphenoïde.

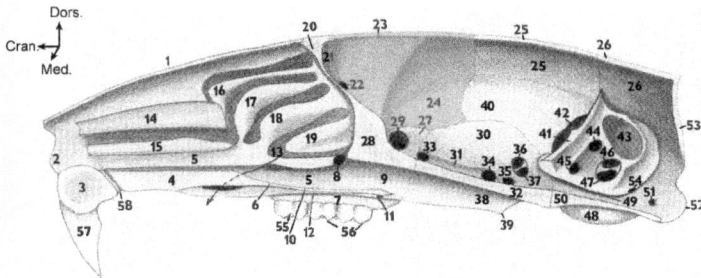

Figure 2 : Vue médiale de l'os frontal du rat *(schéma d'après Popesko[90], coloration M.Hitier)* :(1) os nasal ; (2-4) prémaxillaire ; (5-8) maxillaire ; (9-12) os palatin ; (20) lame perpendiculaire de l'ethmoïde ; (21) lame criblée de l'ethmoïde ; (22) foramen ethmoïdal ; (23) os frontal partie horizontale; (24) os frontal partie verticale ; (40-42) os temporal.

1.1.2.2 L'ethmoïde

L'ethmoïde est situé sous la partie horizontale des os frontaux, à la partie caudale et médiane de la base du crâne. Comme chez l'homme, on lui distingue quatre parties : une lame criblée, une lame perpendiculaire et deux masses latérales.

- La **lame perpendiculaire**, médiane et sagittale, constitue le septum osseux nasal. Elle est en rapport dorsalement avec le frontal, ventro-caudalement avec le vomer, et caudalement avec le présphénoïde. [*Figure 3 (20)*]
- La **lame criblée** est le siège de nombreux orifices permettant le passage des filets du nerf olfactif (I), et du nerf ethmoïdal antérieur (V$_1$) rostralement. La lame criblée appartient à la voûte des fosses nasales. [*Figure 3 (21)*]
- Les **deux masses latérales** ou labyrinthes ethmoïdaux, sont appendues aux extrémités latérales de la lame criblée. Elles s'interposent donc entre les cavités orbitaires et nasales. Au niveau de leurs faces médianes, elles donnent les cinq cornets ethmoïdaux qui limitent les méats des fosses nasales. [*Figure 3 (16), (17), (18), (19)*]. Leurs faces latérales forment la paroi médiale du sinus maxillaire qui communique avec le méat moyen par un large ostium situé caudalement aux cornets. La face ventrale des masses latérales s'articule avec les os maxillaires. Leurs faces dorsales s'articulent avec les os frontaux et forment à leur niveau les foramens ethmoïdaux droit et gauche. [*Figure 3 (22)*].

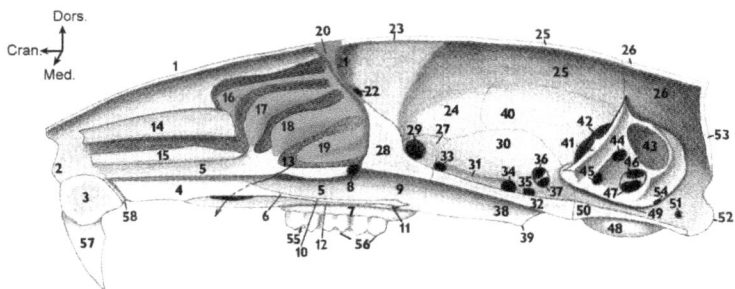

Figure 3 : **Vue médiale de l'ethmoïde du rat** *(schéma d'après Popesko[90], coloration M.Hitier)* : **(1) os nasal ; (2-4) prémaxillaire ; (5-8) maxillaire ; (9-12) os palatin ; (16-19) cornets ethmoïdaux ; (20) lame perpendiculaire de l'ethmoïde ; (21) lame criblée de l'ethmoïde ; (22) foramen ethmoïdal ; (23) os frontal partie horizontale; (24) os frontal partie verticale ; (27-29) présphénoïde ; (40-42) os temporal.**

14

1.1.2.3   Le sphénoïde

C'est le principal os de l'étage moyen de la base du crâne. Il est situé en arrière des os
frontaux et ethmoïde et en avant des os temporaux et occipitaux. Chez le rat, le sphénoïde est
divisé par une suture en deux parties : le présphénoïde et le basisphénoïde.

1.1.2.3.1   Le présphénoïde

Il est en rapport avec l'ethmoïde rostralement et les os frontaux dorsalement. La face ventrale
de son corps forme avec le palatin le plafond osseux du pharynx. [*Figure 4 (28)*]. Ses faces
latérales se prolongent en deux apophyses ou petites ailes qui participent à la structure de
l'orbite. Les petites ailes forment la partie antérieure du trou déchiré antérieur, et sont
perforées à leurs bases par le canal optique, passage du nerf optique (II) vers l'orbite. [*Figure
4 (29)*].

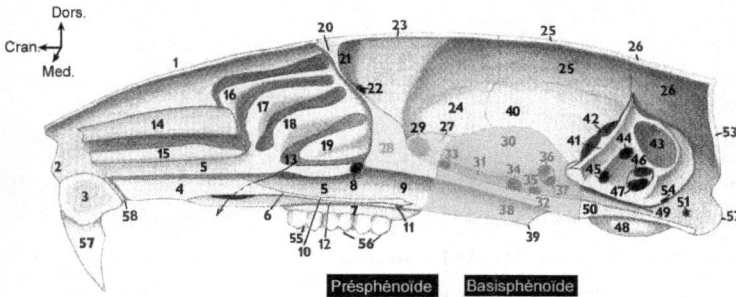

Figure 4 : **Vue médiale de l'os sphénoïde du rat** (*schéma d'après Popesko[90], coloration
M.Hitier*) : **(27) petite aile du présphénoïde ; (28) corps du présphénoïde ; (29) canal
optique ; (30) grande aile du basisphénoïde ; (31) canal alisphénoïdien ; (32) corps du
basisphénoïde ; (33) trou déchiré antérieur ; (34) foramen ovale ; (38) apophyse
pterygoïde ; (39) hamulus pterygoïde.**

1.1.2.3.2   Le basisphénoïde

Situé caudalement au présphénoïde, et rostralement à l'occipital, la face ventrale du
basisphénoïde forme le plafond des choanes. Sur ses faces latérales, le basisphénoïde possède
une apophyse latérale (ou grande aile) qui s'articule en avant avec la partie orbito-nasale du

frontal, et en arrière avec le temporal. [*Figure 4 (30)*]. A la base de chacune de ces ailes, une crête osseuse vient s'appliquer contre le palatin. Cette crête correspond à l'apophyse ptérygoïde chez l'homme. [*Figure 4 (38)*].

Le basisphénoïde est le siège de nombreux orifices de la base du crâne, avec des variations notables par rapport à l'anatomie humaine :

1.1.2.3.2.1   Le trou déchiré antérieur

- Le trou déchiré antérieur est limité latéralement par la grande aile, médialement par le corps du basisphénoïde et rostralement par l'aile du présphénoïde. Il correspond certainement au trou grand rond et à la fente sphénoïdale chez l'homme[45]. Il s'ouvre dans l'orbite et dans la fente ptérygo-palatine. Il est ainsi traversé par les nerfs oculomoteurs communs (III), trochléaire (IV), et abducens (VI), les branches trigéminales ophtalmiques (V_1), et maxillaire (V_2), et aussi le nerf grand pétreux superficiel (VII).[*Figure 4 (33)*].

1.1.2.3.2.2   Le foramen ovale

- Le foramen ovale se situe caudalement au précédent, au sein même de la grande aile. Il est traversé par le nerf mandibulaire (V_3) (comme chez l'homme) et l'artère palatine (branche de l'artère ptérygo-palatine). [*Figure 4 (34)*]. L'artère palatine chemine dans le canal alisphénoïde jusqu'au trou déchiré antérieur où elle donne naissance à l'artère ophtalmique. [*Figure 4 (31)*].

1.1.2.3.2.3   Le trou déchiré moyen

- Ce foramen traverse le corps du basisphénoïde à sa partie moyenne et se prolonge par un canal transversal : le canal basisphénoïdien. Ce canal contient l'artère ptérygoïdienne (branche de la sphéno-palatine) et s'abouche à la surface du basisphénoïde au niveau du foramen sphéno-palatin. [*Figure 5 (30)*].

- La fissure pétro-tympanique de Glaser est formée entre le bord caudal de la grande aile et le temporal. Elle correspond chez l'homme à la fissure petro-tympanique et au trou déchiré antérieur (foramen lacerum)[45]. Elle est empruntée par la corde du tympan (VII), le nerf grand pétreux superficiel (VII), l'artère ptérygopalatine (branche de la carotide interne) et l'artère méningée postérieure (branche de la carotide externe).

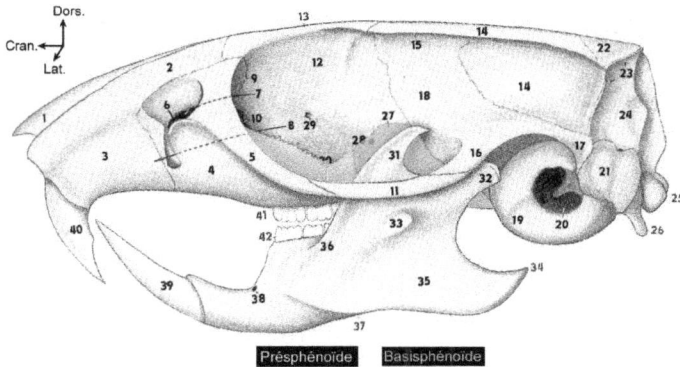

Figure 5 : **Vue latérale de l'os sphénoïde du rat** *(schéma d'après Popesko[90], coloration M.Hitier)* :**(27) aile du basisphénoïde ; (28) canal optique ; (30) foramen sphénopalatin.**

1.1.2.4   L'occipital

L'occipital est situé à la partie médiane et ventro-caudale du crâne. Il est traversé par le trou occipital qui fait communiquer la cavité crânienne avec le canal rachidien.

A partir de ce foramen, on distingue à l'occipital 4 parties : l'apophyse basilaire rostralement, l'écaille caudalement et les deux masses jugulaires latéralement.

- **L'apophyse basilaire** s'articule rostralement avec le basisphénoïde et latéralement avec la bulle tympanique du temporal. Elle forme avec cette dernière le canal carotidien où passe l'artère carotide interne. [*Figure 6 (50)*].

- **L'écaille de l'occipital** répond dorsalement à l'interpariétal, et latéralement au pariétal et à la mastoïde du temporal. [*Figure 6 (53)*] ; [*Figure 7 (24)*].

- Les **2 masses jugulaires** s'articulent également avec les mastoïdes, formant avec elles le foramen jugulaire (ou trou déchiré postérieur). [*Figure 6 (54)*]. Comme chez l'homme, ce foramen est traversé dans sa partie rostrale par les nerfs glosso-pharyngien (IX), pneumogastrique (X) et spinal (XI). Dans sa partie caudale, il laisse passage à la veine jugulaire interne, et aux artères ptérygopalatine et méningée postérieure.

  Les masses jugulaires présentent sur leurs faces exocrâniennes les condyles occipitaux qui s'articulent avec la première vertèbre cervicale. [*Figure 6 (52)*], [*Figure 7 (25)*]. Comme chez l'homme, ces condyles sont traversés par le nerf grand hypoglosse (XII) au niveau du canal condylien. [*Figure 6 (51)*].

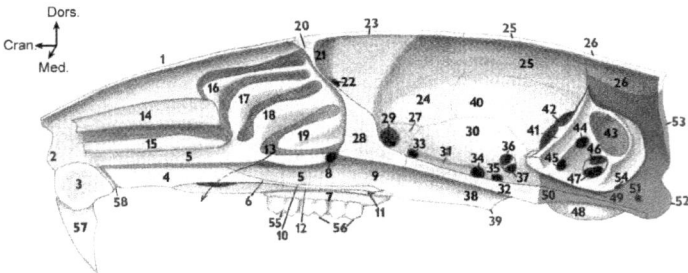

Figure 6 : **Vue médiale de l'os occipital du rat** *(schéma d'après Popesko[90], coloration M.Hitier)* : **(50)** apophyse basilaire de l'os occipital, **(51)** canal condylien (XII) ; **(52)** condyle occipital ; **(53)** écaille de l'occipital ; **(54)** foramen jugulaire.

18

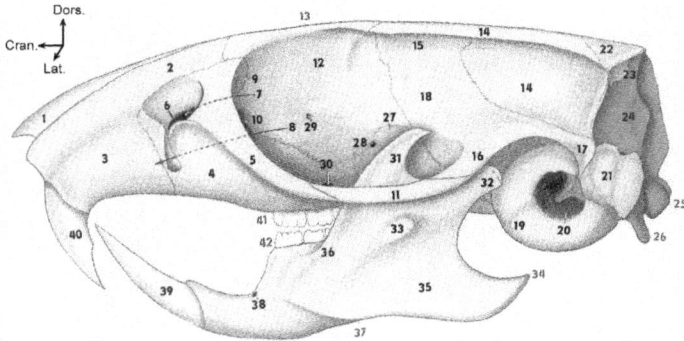

Figure 7 : **Vue latérale de l'os occipital du rat** *(schéma d'après Popesko[90], coloration M.Hitier)* :**(24) écaille de l'occipital ; (25) condyle occipital.**

1.1.2.5   Le temporal

Le temporal est un os pair situé à la partie ventrolatérale du crâne. Chez le rat on lui distingue quatre parties : l'os squamosal, l'os tympanique, l'os pétreux et la mastoïde.

1.1.2.5.1   L'os squamosal

Il correspond à l'écaille du temporal chez l'homme. Chez le rat, il vient s'articuler rostralement avec le sphénoïde et le frontal, et caudalement avec le pariétal. [*Figure 8 (18)*].

Sur sa face latérale, le squamosal présente la cavité glénoïde qui reçoit le condyle mandibulaire, formant l'articulation temporo-mandibulaire. Le squamosal possède également deux volumineuses apophyses :

- Rostralement, l'**apophyse zygomatique**, s'articule avec l'os zygomatique, formant l'arcade du même nom. [*Figure 8 (16)*].

- Caudalement, l'**apophyse occipitale** du squamosal s'articule avec l'occipital, la mastoïde et l'os tympanique. Elle délimite avec ce dernier le trou glénoïde postérieur qui laisse passer les veines du sinus transverse. [*Figure 8 (17)*].

19

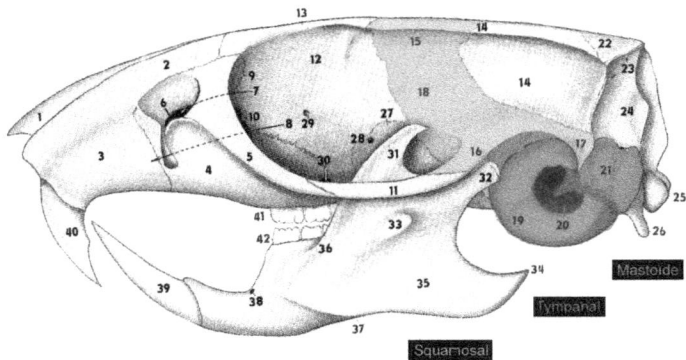

Figure 8 : **Vue latérale de l'os temporal du rat** *(schéma d'après Popesko[90], coloration M.Hitier)* :**(11) os zygomatique ; (14) os parietal ; (15) linea temporalis ; (18) partie squamosal de l'os temporal.**

1.1.2.5.2   L'os tympanique

L'os tympanique correspond à l'os tympanal en anatomie humaine. Sa forme sphéroïde chez le rat lui confère également le nom de **bulle tympanique**. Cette bulle constitue l'oreille moyenne du rat, qui contient les 3 osselets (malleus, incus, stapes). Sur la paroi latérale de la bulle se trouve le tympan qui sépare l'oreille moyenne du conduit auditif externe. L'os tympanique se situe en arrière du squamosal et du basisphénoïde, et en avant de la mastoïde et de l'occipital.

Avec ces os, il forme plusieurs foramens :

- Avec le sphénoïde, il constitue la **fissure pétro-tympanique** laissant passage à la corde du tympan (VII), le nerf grand pétreux superficiel (VII), l'artère ptérygo-palatine (branche de la carotide interne) et l'artère méningée postérieure (branche de la carotide externe).
- Avec le squamosal, il forme le **foramen glénoïdien postérieur**

20

- Avec l'occipital, il constitue le **trou déchiré postérieur** (nerfs glossopharyngien, pneumogastrique, spinal, veine jugulaire interne et artère ptérygopalatine) et le canal carotidien.

L'os tympanique présente un prolongement ventral et crânial qui forme la trompe auditive (trompe d'Eustache). [*Figure 9*]

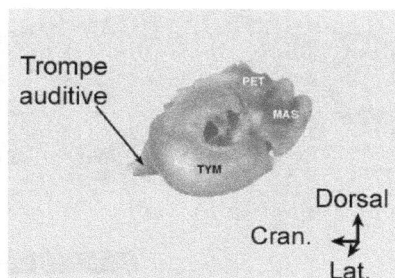

Figure 9 : Vue latérale de la bulle tympanique gauche, d'après Weijnen[133]

1.1.2.5.3   L'os pétreux

Il est situé médialement à la bulle tympanique, formant ainsi la paroi interne de l'oreille moyenne. Il contient l'oreille interne : le vestibule est caudal, la cochlée est rostrale et bombe latéralement dans l'oreille moyenne au niveau du promontoire. La face dorso-médiale de l'os pétreux présente 3 foramens qui constituent le conduit auditif interne : Le plus caudal est le foramen facial contenant le nerf facial (VII). [*Figure 10 (45)*]. Légèrement caudal et dorsal à celui-ci se trouve le foramen vestibulaire dorsal contenant le nerf vestibulaire supérieur. [*Figure 10 (44)*]. Le troisième foramen, le foramen cochléaire, est le plus caudal et contient dans sa partie dorsale le nerf cochléaire, [*Figure 10 (46)*], et dans sa partie ventrale, le nerf vestibulaire inférieur. [*Figure 10 (47)*].

Caudalement au conduit auditif interne, l'os pétreux présente une volumineuse cavité, nommée fosse subarcuata ou fosse cérébelleuse, qui contient le paraflocculus du cervelet [133]. [*Figure 10 (43)*].

En s'articulant avec la bulle, l'os pétreux constitue également le bord postérieur de la fissure pétro-tympanique.

1.1.2.5.4   L'apophyse mastoïde

Elle se situe caudalement aux os tympanique et pétreux, dont elle surplombe la fosse subarcuata[133] . Sa face médiale participe à la formation du trou déchiré postérieur. *Figue 10 (54)*. Sa face latérale présente l'émergence du nerf facial (foramen stylomastoïdien).

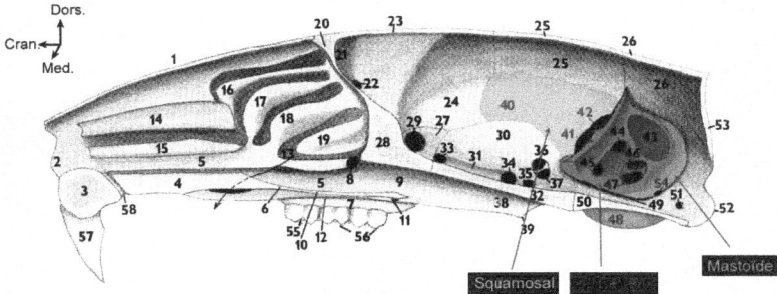

Figure 10 : **Vue médiale de l'os temporal du rat** *(schéma d'après Popesko[90], coloration M.Hitier)* :**(43) fosse subarcuata ; (44) foramen vestibulaire dorsal ; (45) foramen facial ; (46) foramen cochléaire ; (47) foramen vestibulaire ventral ; (48) bulle tympanique ; (54) foramen jugulaire (trou déchiré postérieur).**

1.1.2.6   L'os pariétal

C'est un os plat, quadrangulaire, situé à la partie dorsolatérale du crâne. Il est en rapport crânialement avec l'os frontal, caudalement avec l'interpariétal, et ventralement avec le squamosal et l'écaille de l'occipital. [*Figure 11 (14)*] ; [*figure 12 (25)*]

1.1.2.7   L'os interpariétal

L'interpariétal est un os unique, triangulaire qui comme son nom l'indique, est situé entre les deux os pariétaux, à leur partie caudale. Il forme ainsi la partie la plus postérieure de la voûte du crâne et s'articule au niveau de son bord caudal avec l'occipital. [*Figure 11 (22)*] ; [*Figure 12 (26)*]. L'interpariétal n'a pas d'équivalent en anatomie humaine.

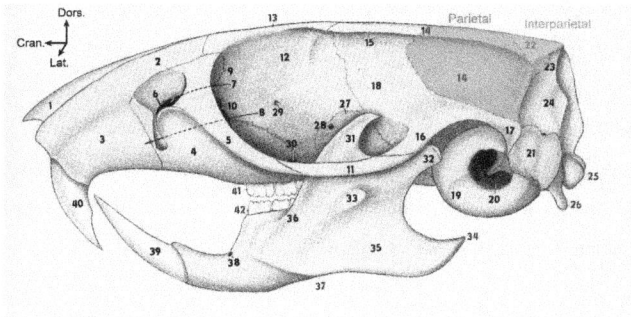

Figure 11 : Vue latérale de l'os occipital du rat *(schéma d'après Popesko[90], coloration M.Hitier)* :(14) os pariétal ; (18) squamosal de l'os temporal ; (22) os interpariétal ; (24) os occipital.

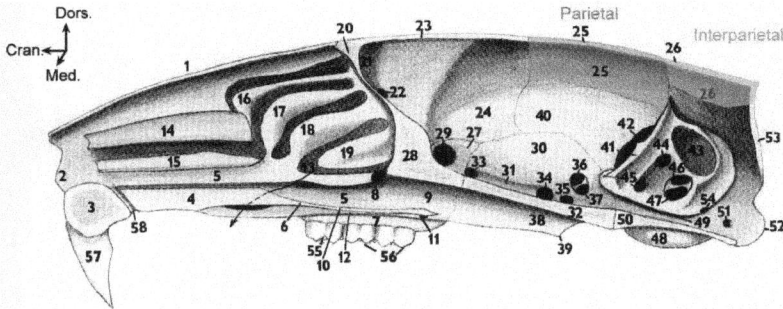

Figure 12 : Vue médiale de l'os occipital du rat (schéma d'après Popesko[90], coloration M.Hitier) : (25) os pariétal ; (26) os interpariétal.

1.2 Le splanchnocrâne

La face, chez le rat, est constituée de 19 os [48,45] que nous ne ferons que citer étant donné leur rapport éloigné avec le labyrinthe:

- La mâchoire supérieure est formée de 17 os dont un seul est médian et impair : le vomer. Les 16 autres os sont pairs et situés symétriquement par rapport à la ligne médiane. *Ces os sont visibles sur les figures 1! / figure 12* :
    - 2 **prémaxillaires,** *(2-3 / 2-4)*
    - 2 **maxillaires,** *(4-8 /5-8)*
    - 2 os **palatins,** *(. / 9-12)*
    - 2 os **lacrymaux,** *(:9 /.)*
    - 2 os **nasaux,** *(1 /1)*
    - 4 os **turbinaux,** *(. /14-15)*
    - et 2 os **zygomatiques,** *(11 /.)*

- La mâchoire inférieure est formée de 2 mandibules articulées entre elles.
    (figure 11 31-38)

1.3   Anatomie comparée crâniofaciale entre le rat et l'homme.

La comparaison des morphologies crâniofaciales du rat et de l'homme, évoquée dans les paragraphes précédents, peut être illustrée et résumée par la *Figure 13* et le *tableau 1* :

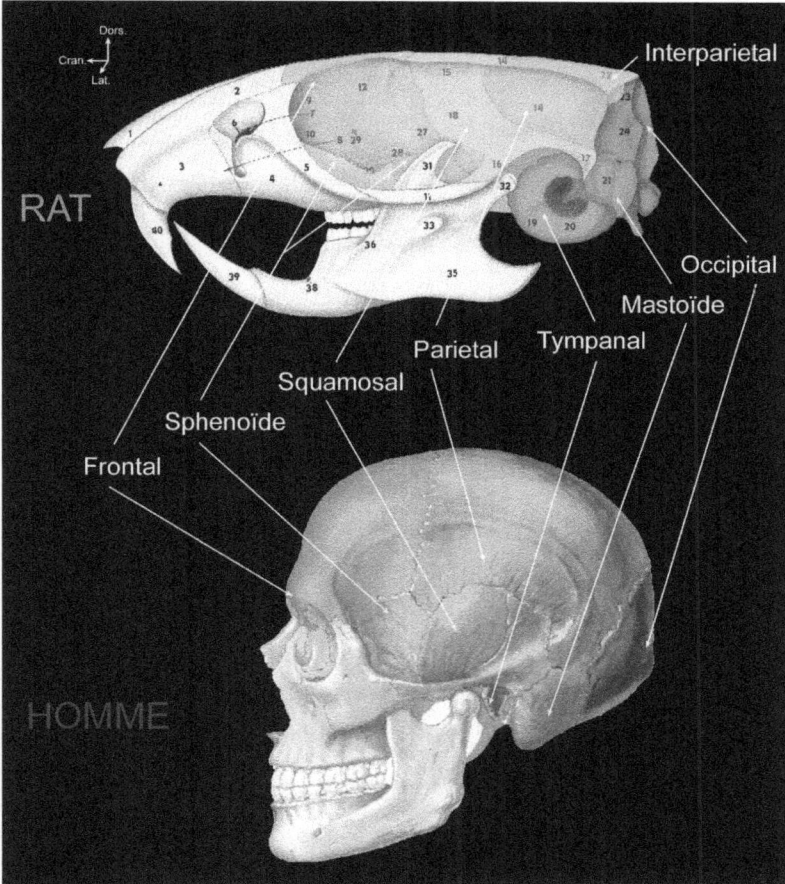

Figure 13 : Anatomie comparée du crâne (*schéma chez le rat modifié à partir de Popesko.[90], coloration M.Hitier ; schéma chez l'homme d'après Netter.[78]*)

Tableau 1 : comparaison des squelettes du rat et de l'homme *(d'après Greene[45])*.

		RAT	HOMME
NEUROCRANE		**2 frontaux**	1 frontal
		1 ethmoïde	1 ethmoïde
		1 sphénoïde	1 sphénoïde
		1 occipital	1 occipital
		2 temporaux	2 temporaux
		2 pariétaux	2 pariétaux
		1 interpariétal	
SPLANCHNOCRANE		**2 prémaxillaires**	2 maxillaires
		2 maxillaires	2 malaires
		2 palatins	2 palatins
		2 lacrymaux	2 lacrymaux
		2 nasaux	2 nasaux
		4 cornets	2 cornets
		2 zygomatiques	2 arcs zygomatiques
		1 vomer	1 vomer
		2 mandibules	1 mandibule
		1 os hyoïde	1 os hyoïde

1.3.1 Phylogenèse

Dans la classification du vivant, le rat et l'homme appartiennent au règne animal, sous-embranchement des vertébrés, classe des mammifères. Au sein des mammifères, le rat appartient à l'ordre des rongeurs, tandis que l'homme relève de celui des primates. Le liens de parenté entre ces deux ordres varie selon les classifications. Les données récentes, basées sur les analyses ADN, rapprochent rongeurs et primates qui auraient un ancêtre commun au second degré.[77] [*Figure 14*]

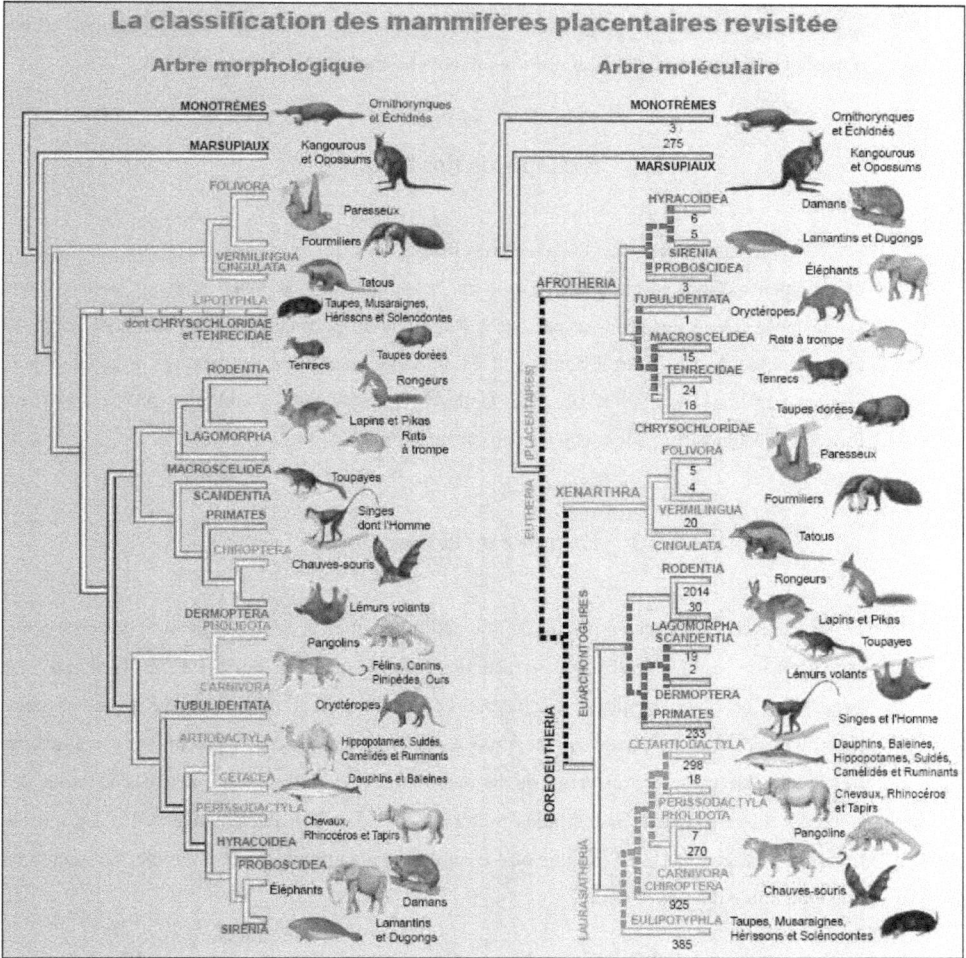

1.3.2 Interprétation des différences morphologiques

Au niveau génétique, les mammifères partagent un grand nombre d'homéogènes, ce qui explique la ressemblance frappante des embryons de mammifères, y compris entre espèces très différentes à l'âge adulte.[95] Ces variations au cours de l'ontogenèse permettent d'expliquer l'existence d'os pair chez le rat, devenu impair chez l'homme :

1.3.2.1 Exemple de l'os frontal

Embryologiquement, le bourgeon frontal des mammifères subit une ossification membraneuse. Chez le rat, l'ossification est incomplète sur la ligne médiane, réalisant une syndesmose. Cette syndesmose persiste à l'âge adulte, permettant la distinction de deux os frontaux chez le rat. Chez l'homme, il existe également deux os frontaux à la naissance, séparés par une articulation fibreuse. Celle-ci va cependant se calcifier progressivement, formant une synostose, qui soude les deux frontaux pour ne former qu'un seul os.[95]

1.3.2.2 Exemple de la mandibule

Il en est de même au niveau de la mandibule : chez le rat, l'ossification des bourgeons mandibulaires est incomplète au niveau de la ligne médiane qui reste cartilagineuse. La persistance de cette symphyse cartilagineuse permet une certaine mobilité entre les deux mandibules lors du rongement ou du percement chez le rat. Ces mouvements sont facilités par l'existence du muscle transverse de la mandibule. Ce muscle est présent chez tous les rongeurs possédant deux mandibules mobiles entre elles.*(Cf. paragraphe 4.4.2)* Le muscle transverse est absent chez l'homme où l'ossification mandibulaire est complète, formant ainsi une mandibule unique.

1.3.2.3 Exemple de l'articulation temporo-mandibulaire (ATM)

Parallèlement aux différences d'ossification, les différences de formes de certains os peuvent entraîner un retentissement important de leurs fonctions. Ainsi la fosse glénoïde possède une forme de gouttière chez les rongeurs qui n'autorise que les mouvements verticaux et antéropostérieurs au niveau de l'ATM. Les mouvements de diductions sont donc impossibles chez le rat, en dehors de la légère laxité permise par l'articulation symphysaire de la mandibule. Chez l'homme, la cavité glénoïde est ellipsoïde, autorisant une plus grande mobilité de l'ATM.[95,65]

1.3.2.4   Exemple des orbites

Les variations de forme des orbites sont également intéressantes. Chez les primates, ils migrent en effet vers l'avant, permettant la vision binoculaire. Ce renforcement de l'importance de la vision chez les primates s'accompagne d'un développement important des lobes occipitaux de l'encéphale.

D'une façon plus générale, le développement important du volume cérébral chez l'homme explique probablement l'augmentation de volume et la morphologie de la boîte crânienne.[95]

[*Figure 15*]

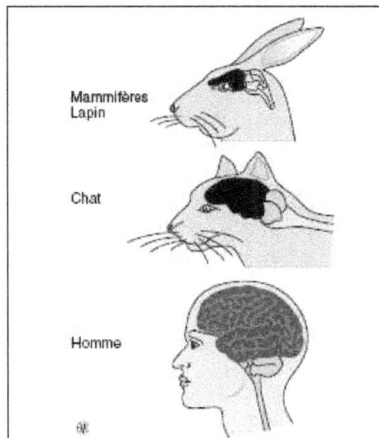

Figure 15 : Evolution de l'encéphale (et de la boîte crânienne) chez les mammifères[95]

En ce qui concerne l'os temporal qui nous intéresse plus particulièrement, l'évolution fonctionnelle entre le rat et l'homme n'apparaît pas évidente. Sachant qu'une partie de l'oreille et de la mandibule ont une origine embryologique commune (1er arc branchial)[9], on peut supposer que l'adaptation fonctionnelle observée au niveau mandibulaire ait un retentissement morphologique au niveau de l'os temporal.

2 Anatomie de l'oreille[47]

Comme tous les mammifères, l'oreille du rat peut être anatomiquement défini par trois régions : l'oreille externe, l'oreille moyenne et l'oreille interne.

2.1 L'oreille externe

Le pavillon de l'oreille du rat possède une forme conique qui s'ouvre latéralement et caudalement. Il est constitué de cartilage élastique recouvert d'une peau avec une pilosité très fine.

Les mouvements du pavillon de l'oreille sont assurés grâce à 3 muscles : [*Figure 22 (9), (13), (14)*]

- Le **muscle cervico-scutulaire** (caudal): il s'insère latéralement à la base du pavillon, et médialement sur les apophyses épineuses des 4e et 5e vertèbres cervicales. Il permet l'élévation et la rotation de l'oreille externe. [*Figure 22 (14)*]

- Le **muscle inter-scutulaire** (dorsal): il s'étend entre la base des 2 oreilles, en traversant la région pariétale. [*Figure 22 (13)*]

- Le **muscle fronto-scutulaire** (rostral): il s'insert sur la base rostrale du pavillon et finit au niveau de la paupière supérieure, au-dessus du muscle orbiculaire. Son action permet l'élévation de la paupière et l'inclinaison du pavillon auriculaire en arrière.[48] : [*Figure 22 (9)*].

Le pavillon se poursuit médialement pour former le conduit auditif externe cartilagineux. Sur ses 2 derniers millimètres, le conduit auditif devient osseux, en pénétrant au niveau de la bulle tympanique. Le tiers médial du conduit est croisé latéralement par le tronc (exocrânien) du nerf facial (VII).

2.2 L'oreille moyenne

2.2.1 La bulle tympanique

L'oreille moyenne du rongeur est contenue dans la bulle tympanique qui s'ouvre latéralement vers le conduit auditif externe dont elle est séparée par le tympan.

La partie dorsale de la bulle est appelée epitympanum, la partie en regard du tympan est le mesotympanum, tandis que la partie ventrale se nomme hypotympanum. La limite entre epitympanum et mesotympanum est définie par une crête osseuse appelée éminence pyramidale, qui s'insère caudalement. [*Figure 17 (13)*]. Cette éminence pyramidale possède pour analogue la pyramide de la caisse du tympan en anatomie humaine.

La paroi médiale de la bulle appartient à l'os pétreux. A sa surface au niveau de l'hypotympanum se trouve un relief appelé promontoire, qui correspond au bombement de la cochlée.

2.2.2 La membrane tympanique

Sa forme est elliptique, avec une encoche dorsale. Elle mesure 6mm sur 4mm pour une épaisseur de 5µ. Elle est orientée de 20° par rapport au plan horizontal.

La membrane tympanique est maintenue en périphérie par un anneau fibreux (annulus fibrosus) de 0,9mm de diamètre qui fusionne avec le périoste du sulcus de la bulle tympanique. Comme chez l'homme, la partie inférieure du tympan, fixée au manche du marteau, est appelée pars tensa. La partie supérieure du tympan, en regard de l'epitympanum, est nommée pars flaccida. [*Figure 16*].

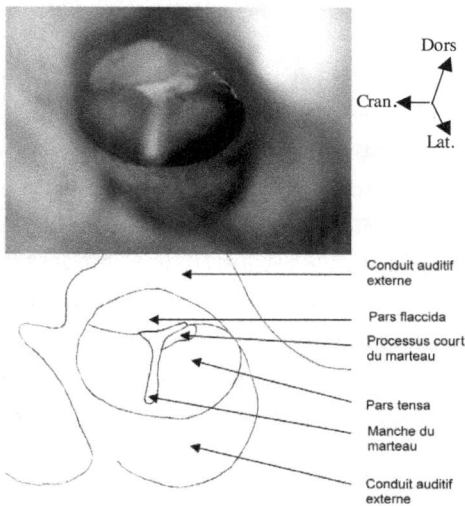

Figure 16: Vue otoscopique de l'oreille
gauche du rat (X 40) (photo M Hitier)

2.2.3 Les osselets

Les osselets sont comparables à ceux de l'homme, avec un malleus, un incus et un stapes, dont les tailles sont en revanche 4 fois plus petites que dans l'espèce humaine.[54]

2.2.3.1 Le malleus

Il mesure 3,5mm de long, avec à sa partie inférieure un manche dont la face latérale est fixée à la membrane tympanique sur toute sa longueur (2mm). Comme dans l'espèce humaine, le manche du marteau se prolonge par un col qui le relit à la tête du marteau.

A la jonction manche-col on observe trois reliefs :

- Caudalement naît une fine spicule osseuse nommée **processus folianus** (ou processus gracilis) qui s'attache dorsalement dans la fissure de Glaser. [*Figure 17 (4)*]
- Ventral et caudal se trouve le **court processus du marteau**
- Médialement le **processus musculaire** est le site d'insertion du muscle tenseur du tympan. L'insertion proximale de ce muscle se situe sur la paroi de la bulle, dorsale au promontoire [*Figure 17 (8)*], et correspond chez l'homme au processus cochléariforme (canal du muscle tenseur du tympan). [*Figure 18*].

La tête du malleus est située dans l'epitympanum et s'articule caudalement avec le corps de l'incus. La partie crâniale de la tête se prolonge pour former le processus céphalique qui rejoint l'extrémité crâniale du processus folianus. L'espace entre la tête, le col et le processus folianus est formé d'une fine lamelle osseuse appelée lamina. [*Figure 17 (3') ; (4) ; (5)*].

2.2.3.2 L'incus

La forme de l'incus du rat est similaire à celle de l'homme. Son corps s'articule rostralement avec la tête du malleus, et se prolonge par un court processus caudal. Ce processus caudal (correspondant à la branche horizontale chez l'homme) est relié à la paroi de la bulle par un ligament. L'incus présente également un processus ventral (correspondant à la branche verticale en anatomie humaine) qui s'articule avec le stapes par l'intermédiaire d'un petit *os lenticulaire* [47](apophyse lenticulaire chez l'homme). [*Figure 17 (6)*] ; [*Figure 18*].

2.2.3.3   Le stapes

Le stapes du rat a une forme semblable à celle de l'homme avec des dimensions réduites. Sa hauteur ainsi ne dépasse pas 0,8mm et sa platine mesure 0,86mm de long pour 0,48mm de large. Sur la face caudale de sa tête, le stapes présente un très discret processus musculaire sur lequel s'insert le **muscle stapédien** qui naît médialement à l'éminence pyramidale.

Ce muscle est innervé par le nerf facial dont le canal, contrairement à l'homme, ne saille pas dans l'oreille moyenne. La **corde du tympan**, branche gustative du nerf facial traverse en revanche l'oreille comme chez l'homme, en longeant la face médiale du malleus. Cette corde pénètre dans la bulle sous l'éminence pyramidale, ventrale au stapes, et distalement traverse la fissure de Glaser, à proximité du processus folianus.

Entre les branches du stapes, passe **l'artère stapédienne** ou **artère ptérygopalatine**.
[*Figure 17 (7) ; (9) ; (a) ; (b) ; (c)*].[*Figure 18*].

2.2.4 L'artère stapédienne

L'artère stapédienne est une branche de la carotide interne qui pénètre la paroi ventro-caudale de la bulle, longe sa paroi médiale en passant au-dessus du promontoire et sur la fenêtre du vestibule (entre les branches du stapes) pour finalement quitter la bulle au niveau de la fissure pétro-tympanique. Elle joue un rôle dans la vascularisation du faisceau pyramidal, du lemnisque médian et du corps trapézoïde. Elle régresse chez l'homme au cours de la 10ème semaine embryonnaire. Chez certains rongeurs comme le rat, elle persiste à l'âge adulte où son territoire de perfusion est cependant progressivement suppléé par d'autres artères d'origine carotidienne[138].

Plusieurs auteurs recommandent de préserver cette artère lors de la chirurgie de l'oreille chez le rat [87,94,138] tandis que beaucoup d'autres s'autorisent à l'electrocoaguler[70,93,25,111,67,23,140,60]. Des travaux récents sont en faveur d'une absence de retentissement sur l'audition (évaluée par Potentiels Evoqués Auditifs) en cas de coagulation de l'artère stapédienne[70]. Cependant, aucun travaux similaires, n'a à notre connaissance, été réalisé pour évaluer le retentissement sur la fonction vestibulaire.

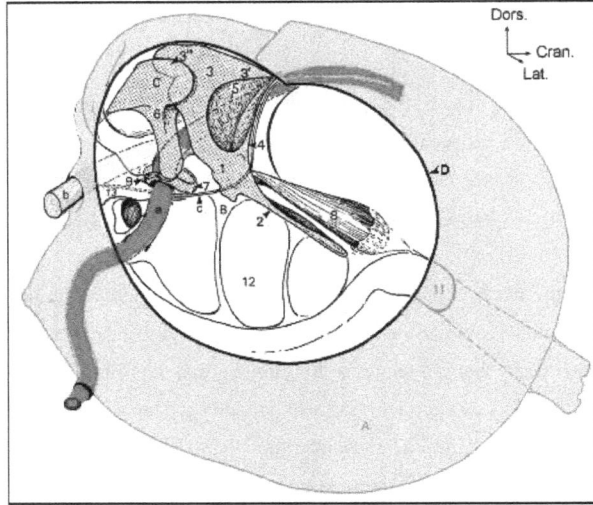

Figure 17 : Schéma de l'oreille moyenne droite du Rat (*d'après Hebel*[47] *(coloration M.Hitier)* A : Hypotympanum ; B : Mesotympanum ; C : Epitympanum ; D : Annulus de la membrane tympanique ; 1 : Malleus ; 2 : Manche du malléus ; 3 : Tête du malléus ; 3' : Processus cephalique ; 3'': articulation Incudomaléaire ; 4 : Processus Folianus ; 5 : Lamina ; 6 : Incus ; 7 : Stapes ; 8 : Muscle tenseur du tympan ; 9 : Muscle stapedien ; 10 : Fenêtre de la cochlée ; 11 : Ostium tympanique ; 12 : Promontoir ; 13 : Eminence pyramidale ; a : Art.stapédienne ; b : Nerf facial ; c : Corde du tympan.

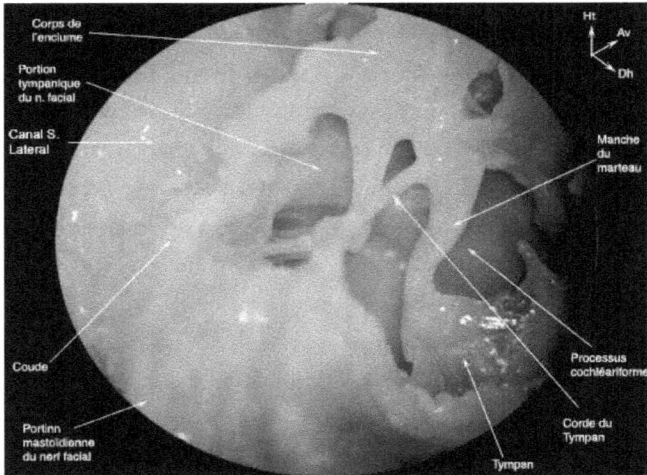

Figure 18 : Analogie avec l'anatomie humaine : oreille moyenne vue latérale postérieure, après dissection de la membrane tympanique et tympanotomie postérieure.(*dissection M.Hitier*)[51]

36

2.3   L'oreille interne

Comme chez tous les mammifères, l'oreille interne du rat est constituée de 2 structures : un labyrinthe osseux, au sein duquel se trouve un labyrinthe membraneux. Ce labyrinthe possède 2 fonctions anatomiquement distinctes : l'équilibre dont l'organe se situe dans la partie caudale du labyrinthe chez le rat, et l'audition, située dans la partie rostrale.

2.3.1 L'organe de l'équilibre

Comme chez l'homme et les autres mammifères, l'organe de l'équilibre est formé de 3 canaux semi-circulaires, orientés dans les 3 plans de l'espace, et de 2 organes otolithiques : l'utricule et le saccule.

2.3.1.1   Les canaux semi-circulaires

2.3.1.1.1   *Le canal semi-circulaire antérieur*

Le canal semi-circulaire antérieur mesure 0,21mm de diamètre pour 7mm de longueur. Il est orienté de 27,2° par rapport au plan sagittal et de 52,7° par rapport au plan transversal. Son ampoule mesure 0,83mm de long pour 0,61mm de large et la crête ampullaire est orientée dorsocaudalement.[21]

2.3.1.1.2   *Le canal semi-circulaire postérieur*

Il mesure 0,22 mm de diamètre pour 6 mm de longueur. Il est orienté de 27,6° par rapport au plan sagittal et de 60,7° par rapport au plan transversal. Le bord libre de la crête ampullaire est orienté caudodorsalement.[21]

Le canal postérieur possède avec le canal antérieur une crux commune qui constitue leur segment rostral. Ces deux canaux forment ensuite entre eux un angle de 102,3°. [*Figure 19*]

2.3.1.1.3 *Le canal semi-circulaire latéral*

Ses dimensions sont semblables au précédent (0,21mm de diamètre, 6,1mm de long). Il forme un angle de 28,4° avec le plan horizontal (défini par la pars horizontalis de l'os occipital). Le bord libre de la crête ampullaire est orienté caudalement.[21]

Le canal latéral forme un angle de 89,7° avec le canal antérieur, et de 89,8° avec le canal postérieur. [*Figure 19*]

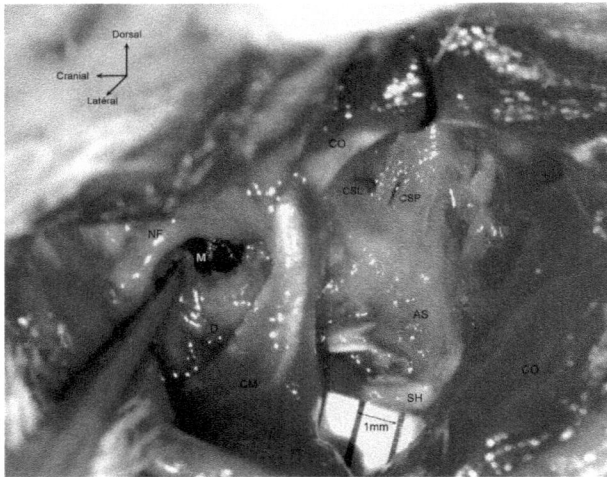

Figure 19 : **Vue latérale des canaux semicirculaire postérieur (CSP) et latéral (CSL) après fraisage superficiel de la mastoïde gauche et introduction de fils de nylon intracanalaire : (AS) apophyse styloïde ; (M) malleus et tympan visible après incision du conduit auditif externe ; (CO) m. cleïdo-occipital ; (CM) m. cleïdo-mastoïdien ; (D) m. digastrique ; (SH) m.stylo-hyoïdien ; (NF) nerf facial.** *(dissection Isabelle Enderlé, photo M.Hitier)*

2.3.1.2 Les organes otolithiques

Les organes otolithiques sont contenus dans le vestibule qui mesure 1,54mm de long (1,4-1,8), 2,4mm de large (2,1 à 2,6) pour une hauteur de 2,1mm (1,9 à 2,2).[127] Sur la face latérale du vestibule se trouve la fenêtre du vestibule (fenêtre ovale) qui accueille la platine du stapes. Les dimensions de cette fenêtre du vestibule sont évaluées chez le rat à 0,87mm de long (0,8-1) pour 0,56mm de large (0,5-0,65).[127] Comme chez tous les mammifères, le labyrinthe du rat présente également une fenêtre cochléaire dont l'orientation par rapport à la fenêtre du vestibule varie selon les espèces.[127] Chez le rat, les dimensions de cette fenêtre de la cochlée peuvent être plus petites ou plus grandes que celles de la fenêtre ronde, selon les individus.[127]

2.3.1.2.1 *L'utricule*

L'utricule est situé entre l'ampoule des canaux semi-circulaires antérieur et latéral d'une part, et l'ampoule du canal postérieur et la crux commune d'autre part. Il mesure 1,3mm de long. Au niveau de sa face médiale, naît le canal endolymphatique qui chemine en direction médiale et dorsale à travers l'aqueduc du vestibule. Peu après son origine, le canal endolymphatique donne naissance au ductus utriculosaculaire qui se dirige ventralement et caudalement jusqu'au saccule. La macule de l'utricule est située sur la paroi ventrolatérale de l'utricule. Sa forme est sphéroïde et mesure environ 0,6mm.

2.3.1.2.2 *Le saccule*

Le saccule possède une paroi latérale aplatie qui lui confère une forme triangulaire à la coupe. Il mesure 0,95mm de long. Le ductus reuniens le relie à la cochlée et mesure 1mm. La macule du saccule est située sur sa paroi ventromédiale.[21]

2.3.2 L'organe de l'audition

L'axe de la cochlée est orienté dans le plan sagittal et horizontal.[47] La cochlée s'enroule sur 2 tours ¼ .[36] Elle mesure 12,16mm de long. La structure de la cochlée membraneuse du rat est identique à celle de tous les mammifères.[47] Elle est divisée en 3 compartiments : la rampe vestibulaire (latérale), le canal cochléaire (intermédiaire) et la rampe tympanique (médiale).

Le canal cochléaire contient l'organe de Corti où s'effectue la transduction du signal, et d'où naissent les fibres du nerf auditif.

Au final, la vision tridimensionnelle de l'oreille interne du rat est assez difficile à se représenter. Les principales données de la littérature rapportées ci-dessus sont anciennes (1924-1935) et établies sur des coupes en 2 dimensions. De ce fait, aucun schéma en 3 dimensions du labyrinthe du rat n'a été retrouvé dans la littérature. Cette carence en données anatomique spatiale nous a motivé à explorer l'anatomie de l'oreille interne du rat à l'aide des méthodes d'imagerie moderne. Une tentative d'exploration tomodensitométrique par scanner multibarettes s'est révélée infructueuse : la taille du labyrinthe de l'animal était trop petite pour les performances de l'appareil. Pour augmenter les capacités de résolution, nous avons utilisé l'IRM, avec une machine particulièrement puissante (7 tesla) et un temps d'acquisition prolongé (10h). En pratique, le modèle était une tête de rat conservée par du paraformaldehyde. L'acquisition a été réalisée par Simon Roussel au centre de recherche CYCERON de Caen, en T2, séquence RARE 3D. La reconstruction des images en 3 Dimensions a été faite par le Dr Claire Boutet, radiologue au CHU de Caen.

Au final, cette analyse IRM visualise parfaitement l'anatomie du labyrinthe du rat et sa géométrie qui diffère sensiblement de celle de l'espèce humaine. L'axe de la cochlée est en effet beaucoup plus crânial chez le rat, alors qu'il est latéral (et supérieur) chez l'homme. Le vestibule apparaît plus médial, de même que le canal semi-circulaire latéral qui est plus médial et caudal chez le rat. Ainsi contrairement à l'homme, le relief du canal latéral du rat ne bombe pas dans l'oreille moyenne, et ne peut donc pas être utilisé comme repère chirurgical. [*Figure 20*].

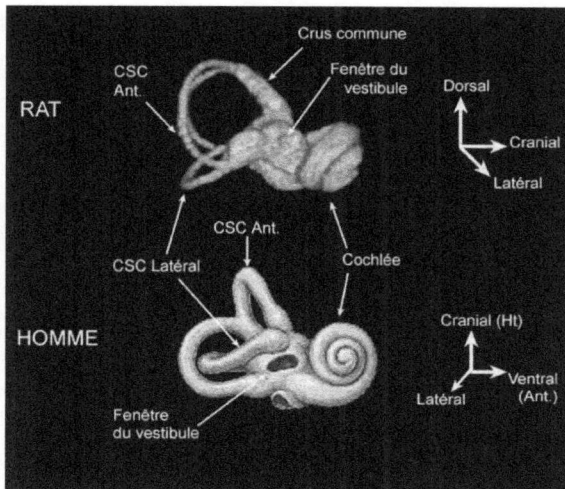

Figure 20 : comparaison des labyrinthes osseux du rat et de l'homme : Image chez le rat obtenue par IRM 7 tesla séquence Rare 3D avec reconstruction surfacique ; dessin chez l'homme d'après Netter[78].(taille chez l'homme ramenée à la taille chez le rat) *(schéma M.Hitier, C.Boutet, S.Roussel)*

3 Les voies nerveuses vestibulaires

L'anatomie fonctionnelle des voies nerveuses vestibulaires est commune chez les mammifères. La plupart des données anatomiques actuelles reposent sur des études réalisées chez différentes espèces : des rongeurs, mais également le chat ou encore des primates.

3.1 Voies vestibulaires périphériques

Les signaux vestibulaires périphériques (canalaires et otolithiques) sont transmis aux noyaux vestibulaires du tronc cérébral par le nerf vestibulaire. Cette voie afférente est formée de neurones bipolaires dont les corps cellulaires sont rassemblés au niveau du ganglion de Scarpa. Les dendrites de ces neurones innervent les cellules réceptrices vestibulaires, tandis que leurs axones se regroupent en trois rameaux qui forment le nerf vestibulaire :

- Le **rameau supérieur** (dorsal) (ou utriculo-ampullaire), rassemble les axones des neurones afférents de la macule utriculaire et des crêtes ampullaires des canaux semi-circulaires antérieur et latéral.

41

- Le **rameau inférieur** (ventral) contenant les axones d'origine sacculaire
- Le **rameau postérieur**, contenant les axones d'origine ampullaire postérieure.

3.2 Voies vestibulaires centrales

3.2.1 Les noyaux vestibulaires

Le complexe des noyaux vestibulaires se situe à la jonction bulbo-protubérantielle, sous le plancher du 4^{éme} ventricule. Il se compose de 4 noyaux :

- Le **noyau supérieur** (NVS) ou noyau de Bechterew
- Le **noyau latéral** (NVL) ou noyau de Deiters
- Le **noyau médian** (NVM) ou noyau de Schwalbe
- Le **noyau inférieur** (NVI) ou noyau spinal ou encore noyau de Roller.

Parallèlement à ces noyaux, il existe des groupes cellulaires associés : f, g, x, y, z [49]

3.2.2 Les afférences des noyaux vestibulaires

3.2.2.1 Afférences labyrinthiques

Les afférences vestibulaires se projettent sur l'ensemble des noyaux vestibulaires ipsilatéraux, à l'exception des parties dorsale du NVL, caudale du NVM, périphérique du NVS et des groupes f, x, et z. Les neurones d'origine utriculaire se projettent plus particulièrement au niveau de la zone rostro-ventrale du NVL. Ceux d'origine sacculaire se projettent sur cette même zone du NVL, sur la région latérale du NVI et sur le groupe y. Les afférences canalaires se projettent dans la partie centrale du NVS et dans le NVM. [16]
[*Figure 21*].

3.2.2.2   Afférences commissurales

Les noyaux vestibulaires sont interconnectés aux noyaux vestibulaires controlatéraux par l'intermédiaire des commissures internucléaires ou de boucles cérébelleuses. Ce système commissural concerne tous les noyaux vestibulaires à l'exception du NVL où il semble être remplacé par des boucles indirectes relayant au niveau du cervelet ou de la substance réticulée. Le système commissural est formé de neurones vestibulaires de second ordre, inhibiteurs chez les mammifères, mais excitateurs chez les amphibiens.[89,112]

3.2.2.3   Afférences intrinsèques

Il existe des connections d'un noyau à l'autre au sein du même complexe vestibulaire. Ces connections forment un ensemble de liaisons réciproques intéressant le NVS, le NVM, et le NVI. Le groupe y établit également des connections avec ces mêmes noyaux. Le NVL quant à lui recevrait des afférences du NVM.

3.2.2.4   Afférences cérébelleuses

Les projections cérébello-vestibulaires proviennent du cervelet vestibulaire (vestibulo-cerebellum), des régions vermiennes et du noyau fastigial.[16] Le cervelet vestibulaire est représenté par les lobes flocculo-nodulaires. Au sein de ceux-ci, le flocculus établit des connections avec tous les noyaux vestibulaires, y compris le groupe y. Des faisceaux issus du nodulus et de l'uvula se projettent plus spécifiquement sur le NVI et le NVM. Au niveau des régions vermiennes, les cellules de Purkinje de la zone A2 du cortex cérébelleux du lobe antérieur se projettent sur le NVM, tandis que celles de la zone B innervent le NVL. Ces influences cérébelleuses se doublent de projections fastigio-vestibulaires ipsilatérales et controlatérales qui atteignent l'ensemble des noyaux vestibulaires à l'exception du NVS.

3.2.2.5 Afférences spinales

Il existe d'importantes projections spinovestibulaires, directes ou originaires de collatérales d'axones des faisceaux spino-cérébelleux. Ces projections atteignent principalement la partie dorsale du NVL, du NVM, du NVI, ainsi que le groupe x.[12]

3.2.2.6 Autres afférences

Le complexe des noyaux vestibulaires est le site de convergences de multiples afférences en provenance de structures nerveuses comme le noyau interstitiel de Cajal, le thalamus[32], l'hypothalamus[83,120], le locus coeruleus[88,107], la formation reticulée[44], les noyaux du raphé, le système optique accessoire[110], le noyau prepositus hypoglossi (NPH), et aussi des projections du cortex pariétal.[32]

Ces afférences des noyaux vestibulaires peuvent schématiquement être impliquées dans deux types de fonctions[46] :

- Le **codage visuel des mouvements** (ego- et exocentriques), qui impliquerait le cervelet, l'olive, le noyau réticulaire tegmentis ponti et le NPH.
- L'élaboration des **messages nerveux spécifiant la direction du regard**, qui ferait intervenir le noyau interstitiel de Cajal (pour la position de l'oeil dans le plan horizontal) et le NPH (pour sa position dans le plan vertical).[46]

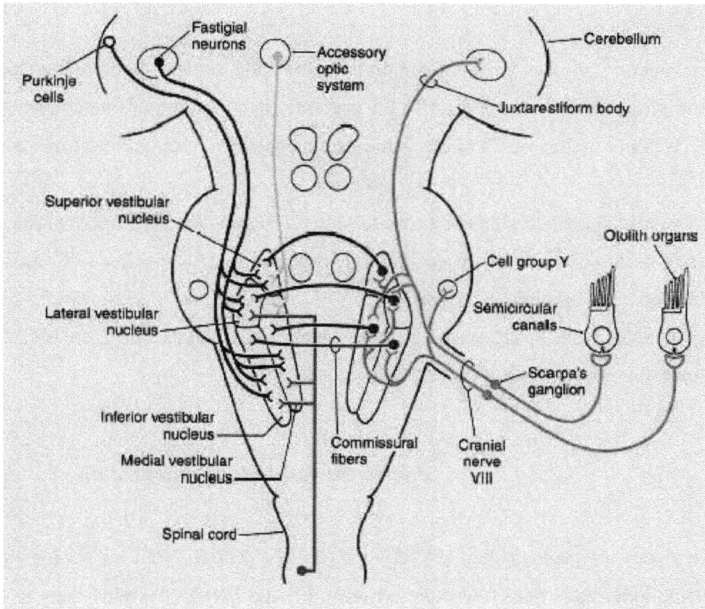

Figure 21 : Noyaux vestibulaires et leurs afférences (d'après David Dickman Laboratoire de Neurosciences Washington University St Louis : http://vestibular.wustl.edu/primer4.html)

3.2.3 Les efférences vestibulaires

Les efférences vestibulaires sont destinées principalement à la moelle, aux noyaux oculomoteurs, et à la substance réticulée :

3.2.3.1 Le système vestibulo-spinal

Il intervient dans les réactions d'orientation et de stabilisation de la tête et du corps dans l'espace. On lui distingue 3 faisceaux : un latéral, un médian et un caudal.

3.2.3.1.1   Le faisceau vestibulo-spinal latéral

Schématiquement, le faisceau vestibulo-spinal latéral (FVSL) est issu du NVL et véhicule des informations utriculaires et sacculaires[98]. En pratique, il comporterait également un faible contingent de fibres issues du NVI, et véhiculerait également des informations d'origines canalaires[135].

Le FVSL se distribue ipsilatéralement à tous les étages médullaires où il fait synapse avec les motoneurones de la substance grise de la corne antérieure de la moelle. Cette distribution s'établit de façon somatotopique, à partir du NVL selon un axe dorso-ventral. Ainsi, les cellules dorsocaudales se projettent au niveau lombosacré. Tandis que les cellules rostroventrales se destinent aux niveaux cervico-thoraciques.[12,101]

3.2.3.1.2   Le faisceau vestibulo-spinal médian

Le faisceau vestibulo-spinal médian (FVSM) naît du NVM et du NVI. Le NVL semble être également impliqué, mais dans une moindre mesure[98]. Le FVSM chemine dans le faisceau longitudinal médian et se projette sur la moelle cervicale et thoracique haute[98,28]. Il exerce alors des influences excitatrices et inhibitrices bilatérales sur les motoneurones α des muscles du cou et du dos.[135] Le FVSM véhicule en majorité des informations vestibulaires d'origine ampullaires.

3.2.3.1.3   Le faisceau vestibulo-spinal caudal

Il naît dans le pôle caudal du NVM et du NVI (où convergent les afférences otolithiques et canalaires postérieures), et aussi du groupe f.[86,29] Les axones du FVSC descendent ensuite jusqu'au niveau lombaire. Le rôle de ce faisceau reste actuellement à préciser.

3.2.3.2   Le système reticulo-spinal

Certaines efférences vestibulaires se projettent sur la substance réticulée mésencephalique. Ces efférences se poursuivent vers la moelle via 2 faisceaux : le faisceau reticulo-spinal médian et le faisceau reticulo-spinal latéral. Ces faisceaux naissant de la formation réticulée ponto-médullaire se distribuent à tous les étages médullaires où ils exercent des influences réciproques de celles des faisceaux vestibulospinaux.[44,85]

3.2.3.3 Le système vestibulo-oculomoteur

Les fibres vestibulaires secondaires ascendantes cheminent dans le faisceau longitudinal médian et se projettent sur les noyaux oculomoteurs : noyau oculomoteur commun (III), noyau trochléaire (IV) et noyau abducens (VI).[128] Un faible contingent rejoint le noyau interstitiel de Cajal (noyau oculomoteur accessoire).

Il existe également des voies indirectes qui transmettent l'information vestibulaire aux noyaux oculomoteurs, en passant par le flocculus et la formation réticulée.[8]

4 Anatomie cervicale du rat

Dans ce chapitre, nous nous limiterons à quelques éléments de base de l'anatomie de la région antérolatérale du cou, nécessaires pour appréhender les voies d'abord ventrales utilisées dans certaines labyrinthectomies chirurgicales.

La région antéro-latérale du cou se compose de 6 groupes musculaires chez le rat (de la superficie vers la profondeur): le groupe cervical superficiel, le groupe cervical latéral, les muscles sus-hyoïdiens, les muscles sous-hyoïdiens, le groupe antérieur vertébral et le groupe latéral vertébral.[45]

4.1 Le groupe cervical superficiel

Le groupe cervical superficiel correspond au **platysma** ou peaucier du cou que l'on retrouve également chez l'homme. Chez le rat on lui distingue 3 parties :

- Les **faisceaux crâniaux** : ils s'étendent de la région cervicale dorsale jusqu'à l'angle mandibulaire et la commissure labiale.

- Les **faisceaux cervicaux superficiels** : naissant de la région pectorale à la symphyse mandibulaire, ils se dirigent caudalement et latéralement pour finir sur l'aponévrose masséterine en passant sous les faisceau crâniaux

- Les **faisceaux cervicaux profonds** : ils s'insèrent sur le manubrium sternal, passent sous les faisceaux superficiels pour se terminer au niveau de l'aponévrose masséterine et du cartilage auriculaire.[48,45]

4.2 Groupe musculaire cervical latéral

Ce groupe est constitué de 3 muscles qui permettent la flexion ventrale de la tête :

- Le **muscle cléido-occipital** (ou clavotrapèze) : il s'insert sur la partie latérale et caudale de la clavicule et se termine sur la masse jugulaire de l'occipital. [*Figure 22 (16)*].

- Le **muscle sterno-mastoïdien** : il s'insert sur le manubrium sternal et se termine sur l'apophyse mastoïde. [*Figure 22 (19)*]

- Le **muscle cléido-mastoïdien** : situé entre les 2 muscles précédents, il naît du tiers moyen de la clavicule et fini sur l'apophyse mastoïde. [*Figure 22 (18)*]

Ces trois muscles correspondent chez l'homme au muscle sterno-cléido-mastoïdien.

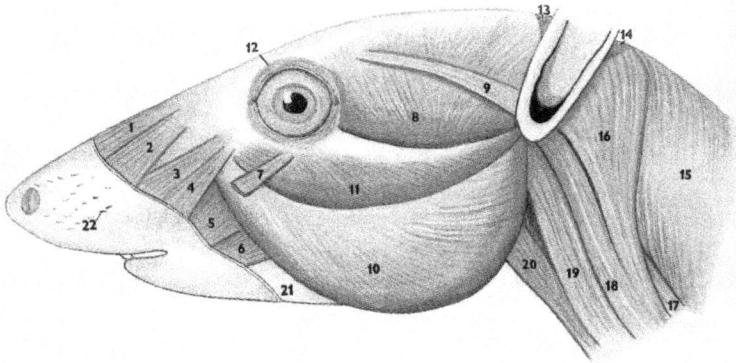

Figure 22 : Muscles cervicaux céphaliques du Rat, vue latérale (*d'après Popesko*[90]): **(9)** m.fronto-scutulaire ; **(10)** et**(11)** masseter ; **(13)** m.inter-scutulaire ; **(14)** m.cervico-scutulaire ; **(15)** m. trapèze ; **(16)** m.cleïdo-occipital ; **(17)** m. omotransverse ; **(18)** m.cleïdo-mastoïdien ; **(19)** m.sterno-mastoïdien ; **(20)** m.sterno-hyoïdien.

4.3 Les muscles sous-hyoïdiens

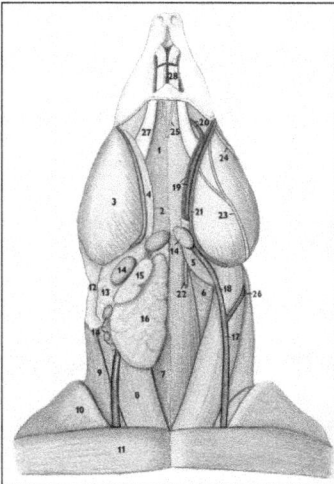

Ils s'apparentent aux muscles sous-hyoïdiens de l'espèce humaine : sterno-cléido-hyoïdien, sterno-thyroïdien, thyro-hyoïdien et omo-hyoïdien. Leurs insertions sont identiques à celles des muscles équivalents chez l'homme. Leur innervation est également réalisée par le nerf grand hypoglosse (XII).

[*Figure 23*]

Figure 23 : Muscles cervicaux du rat, vue ventrale (*d'aprés Popesko*[90]): **(1 et 2)** m.mylo-hyoïdien ; **(3)** masseter ; **(4)** ventre rostral du digastrique droit ; **(5)** ventre caudal du digastrique gauche ; **(6)** omo-hyoïdien ; **(7)** sterno-hyoïdien ; **(8)** sterno-mastoïdien ; **(9)** cléido-mastoïdien ; **(12)** glande parotide ; **(15)** glande sublinguale ; **(16)** glande submandibulaire ; **(17)** v.jugulaire externe ; **(18)** v.linguofaciale ; **(19)** a. et v.faciale

4.4 Les muscles sus hyoïdiens

Ils sont composés de 5 muscles dont 4 possèdent un équivalant chez l'homme. *Tableau 2*

4.4.1 Muscles sus-hyoïdiens communs au rat et à l'homme

Chez le rat comme chez l'homme, on retrouve (de la superficie vers la profondeur) les muscles digastriques, stylo-hyoïdiens, mylo-hyoïdiens et genio-hyoïdiens. Ces muscles sont pairs et symétriques. Leurs insertions sont identiques chez le rat et chez l'homme, excepté l'insertion caudale de 2 muscles : le digastrique qui s'insère sur la mastoïde chez l'homme et sur la masse jugulaire de l'occipital chez le rat ; et le stylo-hyoïdien qui s'insert sur l'apophyse styloïde du temporal chez l'homme tandis qu'il se fixe sur l'os occipital sous la masse jugulaire chez le rat.[45] [*Figure 24*].

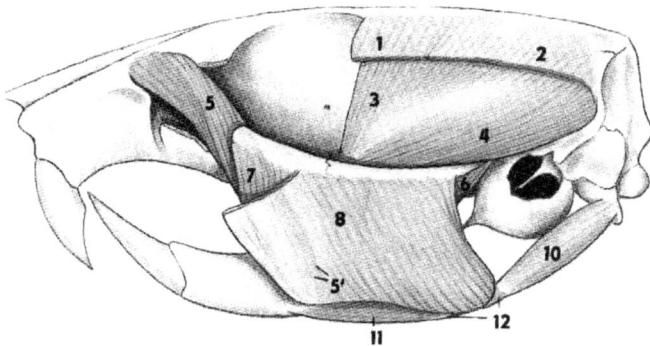

Figure 24 : Vue latérale du crâne du rat (*d'après Popesko*[90]) : visualisation de l'insertion du ventre caudal du digastrique (10), son insertion au niveau de la masse jugulaire de l'occipital, et ses rapports avec la bulle tympanique. (12) tendon du digastrique ; (11) ventre rostral du digastrique ; (5-9) masséter ; (1-4) m. temporal.

4.4.2 Muscle sus-hyoïdien spécifique du Rat : le Transverse

Le muscle transverse de la mandibule est une courte bande musculaire située entre les deux branches de la mandibule et les chefs rostraux des digastriques.[45] [*Figure 25*]. Ce muscle transverse existe chez tous les rongeurs qui possèdent une mobilité entre leurs 2 mandibules. Le muscle transverse est innervé par le nerf mylo-hyoïdien (branche du nerf dentaire inférieur (V_3). Son action permet d'éloigner les pointes des deux incisives inférieures, et contribue ainsi grandement aux fonctions de rongement et de percement.[48]

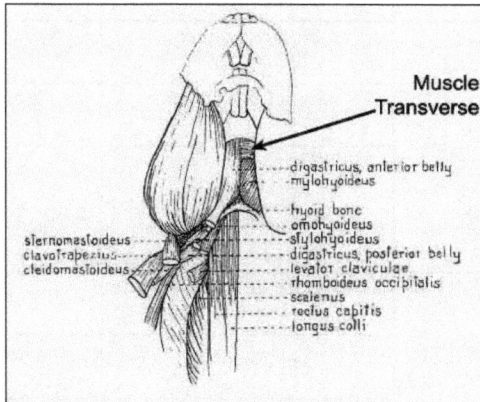

Figure 25 : Vue ventrale des muscles cervicaux du rat visualisant le muscle transverse de la mandibule (*d'après Green*[45])

4.5   Autres groupes musculaires de la région antéro-latérale du cou

Les groupes antérieur vertébral et latéral vertébral n'interviennent pas dans les voies d'abord de l'oreille et ne seront pas détaillés ici.

Tableau 2 : Comparaison des muscles cervicaux du rat et de l'homme (d'après Green.[45])

	RAT	HOMME
Groupe cervical superficiel	Platysma	Platysma
Groupe cervical latéral	**Cléido-occipital**	Sterno-cléido-mastoïdien
	Sterno-mastoïdien	
	Cléido-mastoïdien	
Sous-hyoïdiens	Sterno-hyoïdien	Sterno-cléido-hyoïdien
	Sterno-thyroïdien	Sterno-thyroïdien
	Thyro-hyoïdien	Thyro-hyoïdien
	Omo-hyoïdien	Omo-hyoïdien
Sus-hyoïdiens	**Transverse de la mandibule**	ABSENT
	Genio-hyoïdien	Genio-hyoïdien
	Mylo-hyoïdien	Mylo-hyoïdien
	Digastrique	Digastrique
	Stylo-hyoïdien	Stylo-hyoïdien

Chapitre 2:

Technique de labyrinthectomie chez le rat.

L'étude du système nerveux en utilisant des modèles lésionnels, remonte au XIXe siècle.[104] Les premières études lésionnelles du système vestibulaire datent de 1824 et ont été effectuées chez le pigeon.[37] Les premiers travaux chez le rat sont publiés un siècle plus tard, en Chine, par T'ang.[116] Dès cette publication, deux principales méthodes de labyrinthectomie sont envisagées : la labyrinthectomie chirurgicale et la labyrinthectomie chimique.

1 Labyrinthectomie chirurgicale

La technique chirurgicale de labyrinthectomie chez le rat est loin d'être standardisée. Il existe en effet trois voies d'abord différentes de la bulle tympanique. Et plusieurs techniques ont ensuite été décrites pour détruire le labyrinthe.

1.1 Voies d'abord de l'oreille interne

Trois principales voies d'abord de l'oreille sont décrites plus ou moins précisément dans la littérature : La voie d'abord ventrale, la voie caudale et la voie dorsale.

1.1.1 Voie d'abord ventrale

C'est la première voie utilisée historiquement par T'ang. Elle reste actuellement la voie la plus utilisée pour aborder l'oreille moyenne du rat (de façon générale et dans le cadre de la labyrinthectomie).[87,54] C'est celle dont nous avons personnellement le plus l'expérience.[50]

1.1.1.1 Technique historique de T'ang

La première labyrinthectomie chirurgicale décrite par T'ang ne bénéficiait pas de microscope opératoire, et la technique était donc assez grossière : L'intervention débutait par une ligature prophylactique de la carotide commune afin de limiter l'hémorragie peropératoire. L'incision était ventrale, paramédiane à 8mm environ de l'angle mandibulaire. Les muscles cervicaux étaient ensuite disséqués pour exposer la paroi ventrale de la bulle tympanique et l'ouvrir. Le promontoire était alors localisé à l'aide d'une loupe et d'une lampe électrique. Le labyrinthe était ensuite détruit à l'aide d'un petit ciseau à frapper, placé en arrière du promontoire. Ce geste s'accompagnait typiquement d'une hémorragie, probablement liée à la lésion de l'artère stapédienne dont l'auteur ne fait jamais mention. La fermeture était réalisée par suture directe de la peau.[116] Ces travaux de T'ang établissent les bases historiques de la sémiologie après labyrinthectomie chez le rat. La technique manquait cependant de précision : l'auteur avoue une lésion quasi systématique du nerf facial et les autopsies révéleront des lésions (partielles) du flocculus et du paraflocculus chez certains rats. Néanmoins, d'après T'ang ces rats présentant des lésions cérébelleuses associées ne semblaient pas présenter de symptômes différents des rats purement labyrinthectomisés.[116]

1.1.1.2 La voie ventrale de nos jours

L'évolution du matériel, avec notamment utilisation du microscope opératoire, permet de nos jours une chirurgie beaucoup plus précise. La miniaturisation de l'oreille du rat par rapport à celle de l'homme (les osselets sont 4 fois plus petits) nécessite de recourir aux instruments les plus fins de l'otologie humaine (micropointe, microaspirateurs, micromoteur et fraise inframillimétrique). Personnellement nous avons également recours à des instruments issus de l'ophtalmologie (pince de Paufique, pince de Bonn, écarteur blépharostat).
[*Figure 26*]

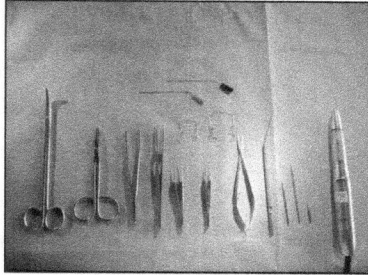

Figure 26 :Instruments utilisés pour la labyrinthectomie : (de gauche à droite) : 2 paires de ciseaux, pince à griffe, micropince, pince de Paufique, baby-blépharostat, pince de Bonn, blépharostat, microaspirateur, microciseau, pointe, microfraise, moteur électrique.

1.1.1.2.1   Avec Incision sous auriculaire

L'incision la plus pratiquée est située ventralement et légèrement caudale au pavillon de l'oreille.[87,54,56,66,50], avec pour certains un rasage et une antisepsie préalable de la peau. La glande parotide est ensuite repérée et réclinée en avant [*Figure 27*]. Cette étape ne constitue pas un danger pour le nerf facial dont le trajet est médial et entièrement extraparotidien chez le rat.

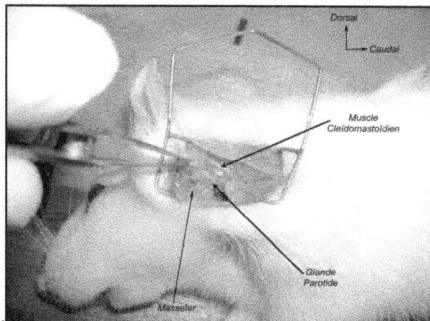

Figure 27 : Voie d'abord ventrale gauche : incision sous-auriculaire et passage retroparotidien (*photo M.Hitier*)

-       Dissection du bord antérieur du muscle sterno-mastoïdien, permettant de repérer à sa face profonde le ventre postérieur du muscle digastrique. Au cours de cette dissection, repérage de la veine faciale postérieure en avant, du nerf facial qui croise transversalement, et de l'artère carotide externe en avant.

-       Poursuite de la dissection vers le haut en repérant l'insertion du muscle digastrique au niveau du processus jugulaire de l'os occipital. La bulle tympanique (oreille moyenne) se situe en avant, en bas et en dehors de ce processus. Elle est partiellement masquée par le muscle stylo-hyoïdien qui est récliné en bas.

-       La dissection du bord latérosupérieur de la bulle permet l'ouverture du conduit auditif externe et le repérage de la face externe de la membrane tympanique.[*Figure 28*].

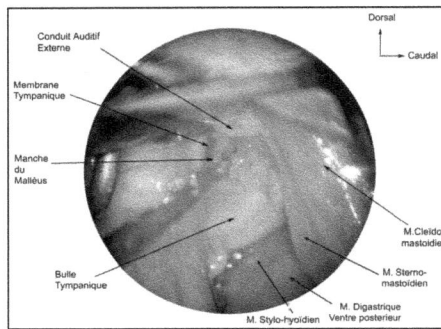

Figure 28 : **Abord de la bulle et du tympan gauche** (*photo M.Hitier*)

-       La bulle est ensuite largement fraisée, afin d'exposer les structures de l'oreille moyenne : chaîne ossiculaire, artère stapédienne, muscle tenseur du tympan et promontoire.
        [*Figure 29*]

56

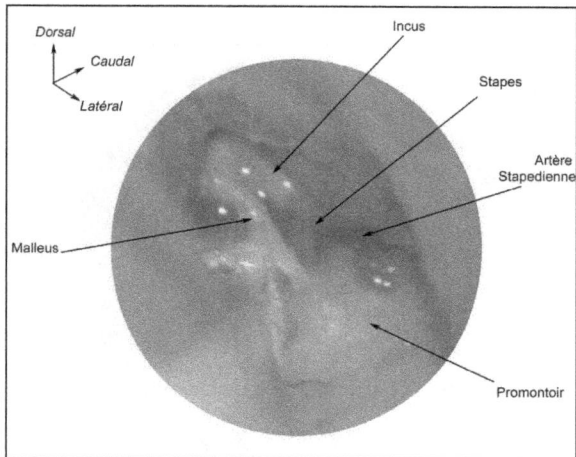

Figure 29 : Ouverture de la bulle tympanique gauche (*photo M. Hitier*)

- Afin de faciliter l'accès à la paroi médiale de la bulle, le malleus est retiré.
- L'ouverture de l'oreille interne peut ensuite être réalisée par fraisage du promontoire.[*Figure 30 et 31*].

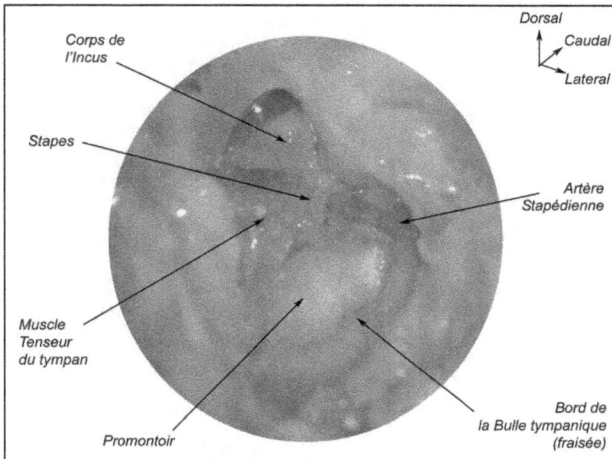

Figure 30 : Ablation du malleus (*photo M. Hitier*)

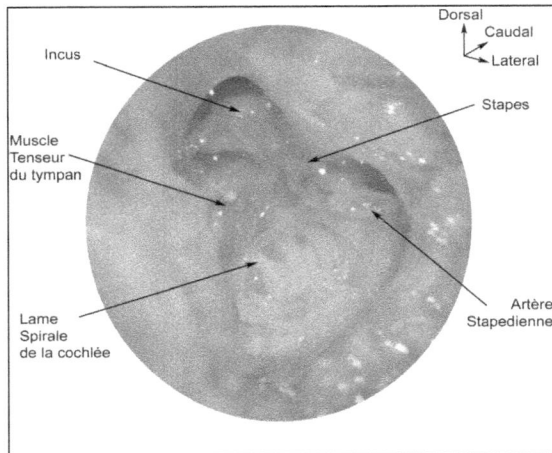

Figure 31 : Fraisage du promontoire gauche (*photo M. Hitier*)

- L'ouverture du vestibule est faite en repérant la fenêtre du vestibule.
- Destruction du vestibule membraneux.[*Figure 32*]

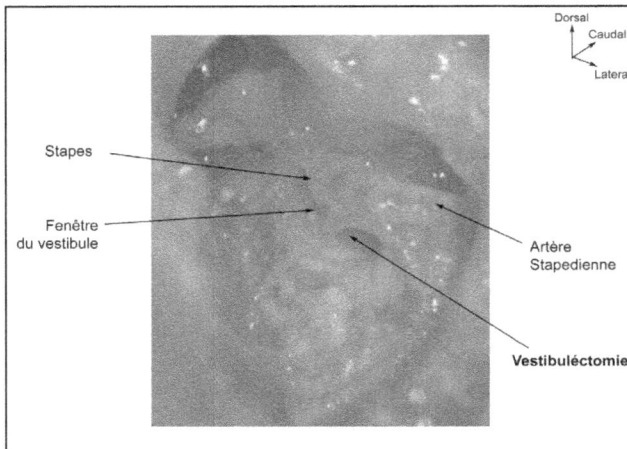

Figure 32 : Vestibulectomie gauche avec preservation de l'artère stapédienne. (*photo M. Hitier*)

- Nous effectuons la fermeture par tamponnement de l'oreille interne avec du Surgicel® puis suture cutanée.

1.1.1.2.2   Voie ventrale avec incision paramédiane

C'est probablement la voie que T'ang utilisait en 1936.[116] On la retrouve encore décrite récemment pour aborder l'oreille interne. [97] L'incision est plus ventrale, située sous l'angle mandibulaire.[*Figure 33*]. La glande sous-mandibulaire est rétractée latéralement [*Figure 34 et 35*]. La dissection est poursuivie entre le masséter et le bord supérieur du pectoral. Les muscles sterno-mastoïdien et digastrique sont alors repérés. Qiu coupe ce dernier muscle au niveau de son tendon intermédiaire et expose ainsi largement la bulle tympanique. [*Figure 36*].

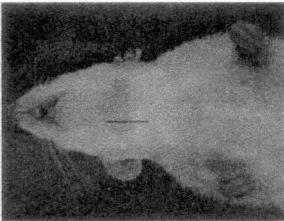

Figure 33 : Incision paramédiane , *d'après Qiu*[97]

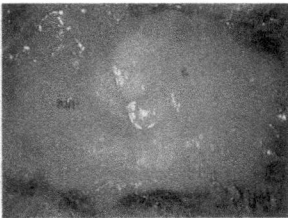

Figure 34 : Repérage du muscle masséter (mm) et de la glande sous-mandibulaire (s). (orientation identique à la figure précédente)[97]

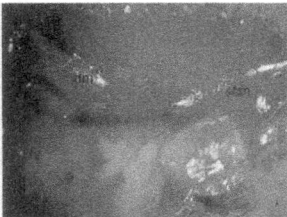

Figure 35 : Glande sous-mandibulaire réclinée latéralement (s). Repérage du muscle digastrique (dm) et du sterno-cléido-mastoïdien (scm). (Orientation identique à la figure précédente)[97]

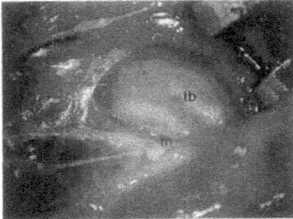

Figure 36 : Après section du tendon du digastrique, exposition de la bulle tympanique (tb) et repérage du nerf facial (fn) (à sa partie dorsale). (orientation identique à la figure précédente)[97]

Qu'elle soit pratiquée par une incision sous-auriculaire ou paramédiane, la voie ventrale possède l'avantage d'offrir une très bonne exposition de la paroi médiale de la bulle tympanique. Elle permet ainsi un très bon contrôle de l'artère stapédienne, une bonne vision du promontoire, et surtout de la fenêtre du vestibule qui permet un bon accès à l'organe de l'équilibre.

Le principal inconvénient de cette voie réside dans la nécessité de maîtriser l'anatomie cervicale du rat en sachant qu'il n'existe pas de voie otologique comparable en chirurgie humaine.

1.1.2 La voie d'abord caudale (ou rétroauriculaire)

Cette voie d'abord reste assez fréquemment utilisée pour réaliser des labyrinthectomies.[67,139,60,69,80,62] Elle est particulièrement séduisante, car elle peut être apparentée à la voie d'abord postérieure chez l'homme.[92] Son principal inconvénient se situe au niveau de l'artère stapédienne qui gêne la progression et doit être coagulée.[50]

En pratique, l'incision est rétroauriculaire. La mastoïde est exposée en libérant l'insertion des muscles sterno-mastoïdien et cleïdo-mastoïdien. La mastoïde est ouverte et permet de pénétrer dans la bulle par voie caudale. On tombe alors rapidement sur l'artère stapédienne qui est coagulée. Les ampoules des canaux semi-circulaires latéraux et supérieurs peuvent être repérées. L'ouverture vestibulaire est souvent débutée au niveau de ces ampoules puis étendues au vestibule.[67,62,139] L'artère stapédienne étant coagulée, certains auteurs retirent le stapes pour faciliter l'accès au vestibule.[139,62,60]

1.1.3 Voie d'abord dorsale

C'est la voie d'abord décrite par Potegal[93] :
- L'incision est rostro-caudale au niveau de la partie la plus ventrale du conduit auditif externe. Deux incisions complémentaires sont réalisées au niveau des tissus mous de la face ventrale et de la face dorsale du conduit auditif cartilagineux.
- A partir de ces incisions, une dissection rostro-caudale permet d'atteindre la bulle tympanique. Au cours de cette dissection, il faut veiller à ne pas léser la veine faciale postérieure, l'artère carotide externe, et le nerf facial.
- La bulle est ouverte en abordant son angle dorso-caudal. Le muscle tenseur du tympan est repéré, ainsi que l'artère stapédienne qui est coagulée.
- Potegal réalise ensuite la labyrinthectomie en introduisant une électrode à travers la fenêtre du vestibule.

Cette voie d'abord est probablement la moins employée.[25,111] Son principal inconvénient provient du risque de lésion du nerf facial. Potegal décrit d'ailleurs, dans son expérience, des cas de paralysies faciales, attribuées soit à la dissection, soit à la coagulation.[93]

D'autre part, Potegal réalise sa technique avec un matériel particulièrement spécialisé : têtière opératoire, électrode de coagulation de l'artère stapédienne et électrode de coagulation du vestibule. (*Voir annexe 1*). Cette dernière ne semble néanmoins pas indispensable puisque certains auteurs réalisent la voie d'abord de Potegal, mais détruisent le vestibule par aspiration au lieu d'une éléctrocoagulation.[25,111]

1.2 Destruction du labyrinthe membraneux

Comme nous venons de l'évoquer, plusieurs modes de destruction du labyrinthe membraneux sont retrouvés dans la littérature, et ceci quelques soit la voie d'abord initiale :
- La méthode retrouvée le plus souvent est l'aspiration.[25,111,66,11,67,69,139,23] Cette aspiration est parfois réalisée à l'aide de pompe aspirante (ex. Spiradon, MGPP Medical, France)[111] Certains auteurs ajoutent après l'aspiration une injection ototoxique (gentamycine[111] ou éthanol à 100 %[69]).

- La méthode la plus simple reste la destruction mécanique à l'aide d'un crochet [140,60,62,50], parfois complétée par une injection d'éthanol 100%[60,62,140].
- Les cas de destruction par électrocoagulation[93] ou par injection seule d'éthanol 100% (à travers la fenêtre du vestibule) restent rares[80].

Après destruction du labyrinthe membraneux, certains auteurs comblent le labyrinthe osseux avec du ciment dentaire[67,140,60,62], du Gelfoam®, ou du Surgicel®.[50]

1.3 Lésion ganglionnaire associée ou neurectomie

La lésion du labyrinthe peut être étendue médialement en associant une destruction du ganglion de Scarpa, siège des corps cellulaires des neurones vestibulaires. La lésion de ce ganglion n'entraîne pas de symptôme supplémentaire comparé à la labyrinthectomie pure. Cependant la compensation de certains symptômes est plus lente lorsque le ganglion est lésé. Histologiquement, la lésion du ganglion de Scarpa s'accompagne en effet d'une dégénérescence beaucoup plus importante des axones vestibulaires au sein des noyaux vestibulaires centraux (comparée à une lésion vestibulaire pure). Cette dégénérescence favoriserait les réinnervations hétérotypiques au niveau des structures désafférentées, expliquant la récupération fonctionnelle plus lente.[66] Les lésions labyrinthiques associées à une lésion du ganglion de Scarpa sont assimilées à des neurectomies proximales du nerf vestibulaire.[66]

2 Labyrinthectomie chimique

Dans ses travaux de 1936, T'ang réalisait déjà parallèlement à sa technique chirurgicale, une méthode chimique. Il utilisait de la cocaïne 5 % injectée directement dans la bulle tympanique à l'aide d'une seringue. Cette technique réalisait plus une vestibuloplegie qu'une véritable labyrinthectomie, car les symptômes régressaient après 4 ou 5 heures (tandis qu'ils sont beaucoup plus prolongés en cas de labyrinthectomie chirurgicale).[116]

De véritables labyrinthectomies chimiques ont été mises au point ultérieurement, en particulier avec de l'Arsanilate de Sodium.

2.1   Labyrinthectomie par Arsanilate de Sodium.

La technique utilisant l'Arsanilate de Sodium (ou Atoxyl) est décrite en 1987 par Hunt : A l'aide d'un otoscope, une aiguille (22 G) est introduite dans l'oreille moyenne par voie transtympanique. Une solution d'Arsanilate de Sodium à 40 % (environ 0,2ml réchauffé à 37°C) est alors injectée dans la bulle tympanique. Le conduit auditif externe est ensuite étanchéifié par de la cire de Horsley afin d'éviter les fuites de liquide (celles-ci restent néanmoins possibles via la trompe auditive).[52] L'auteur constate que cette technique demeure inefficace chez certains rats. Cette résistance est attribuée à une membrane tympanique hypervascularisée dont le saignement empêcherait une diffusion efficace de l'Arsanilate au niveau de l'oreille interne. La répétition de l'injection chez ces rats permettrait d'obtenir une efficacité satisfaisante.[52]

Le mode d'action de l'Arsanilate de sodium serait dû à une lésion des cellules sécrétrices des cupules et des macules du labyrinthe membraneux. L'atteinte de ces cellules entraînerait des troubles osmolaires qui détruiraient les cellules cilliées.[3] Ces phénomènes de destructions se réalisent en 48-72 heures.

2.2   Autre labyrinthectomie chimique

A part la technique de Hunt utilisant l'Arsanilate de Sodium, qui a été largement employée[115,132,59,2,4,82,58,81,57], peu d'autres techniques sont retrouvées chez le rat.

Potegal décrit l'utilisation de Sulfate de Streptomycine : 50 mg sont déposés dans l'oreille moyenne après ablation des osselets. Contrairement à la Gentamycine, une seule instillation de Streptomycine semble nécessaire pour obtenir une lésion efficace.[93]

2.3 Vestibuloplégie transitoire

Comme T'ang avec la cocaïne, certains auteurs, au lieu de créer une lésion définitive du labyrinthe vestibulaire, ont développé des techniques pharmacologiques réversibles. L'instillation de lidocaïne retrotympanique entraîne ainsi un syndrome vestibulaire en moins de 15 minutes.[73] D'autres travaux utilisent la Tetrodotoxin transtympanique dont l'effet dure 48 à 72 heures.[103]

La mise en place d'un cathéter, au niveau de la fenêtre de la cochlée, permet de réaliser une véstibuloplegie transitoire par injection de Ropivacaïne, et de pouvoir la répéter sans anesthésie générale.[74]

Bien que ces techniques ne réalisent pas une véritable labyrinthectomie, et ne contribuent donc pas à l'étude à long terme du déficit labyrinthique, elles permettent d'étudier le déficit vestibulaire transitoire et répété. Ces méthodes pourraient par exemple aider à comprendre les effets de déficits vestibulaires à répétition comme dans certains cas de maladie de Ménière.

En conclusion, actuellement la labyrinthectomie chez le rat est réalisée soit chirurgicalement, soit par méthode chimique. Parmi les techniques chirurgicales, la voie d'abord ventrale est celle qui offre la meilleure exposition, et permet en particulier la préservation de l'artère stapédienne. Cette technique nécessite cependant un abord de la région cervicale.

Parmi les méthodes chimiques seul l'utilisation de l'Arsanilate de Sodium semble réellement validée et utilisée. Son succès réside certainement dans sa simplicité et sa rapidité d'utilisation. Cependant le degré lésionnel ainsi que sa topographie demeurent moins précis que lors d'une labyrinthectomie chirurgicale.

Chapitre 3:

Conséquence de la labyrinthectomie chez le rat

Chez tous les mammifères, la lésion du système vestibulaire entraîne un ensemble de symptômes réalisant le syndrome vestibulaire. Ces symptômes diffèrent selon l'état fonctionnel du vestibule controlatéral qui différentie le syndrome vestibulaire unilatéral du syndrome bilatéral. Le syndrome vestibulaire unilatéral évolue dans le temps avec une tendance à s'atténuer définissant le phénomène de compensation. Le syndrome vestibulaire bilatéral varie également en fonction du délai séparant les 2 lésions vestibulaires.

1 Sémiologie du syndrome vestibulaire chez le rat

1.1 *Le syndrome vestibulaire unilatéral*

Comme souvent en matière de sémiologie, les descriptions les plus anciennes demeurent les plus précises. Ainsi, à propos du syndrome vestibulaire chez le rat, l'étude de T'ang reste une référence.[116]

1.1.1 Signes oculaire

Deux types de signes oculaires sont retrouvés après labyrinthectomie unilatérale (LU) chez le rat, et décrits dès les études de T'ang : Le premier signe est statique et correspond à ce qu'on nomme actuellement une « Skew deviation » oculaire. Le deuxième est dynamique sous la forme d'un nystagmus.

1.1.1.1   Skew deviation oculaire

Dès la lésion labyrinthique, l'animal étant encore endormi[50], on observe une déviation oculaire dans le plan frontal : l'oeil côté lésé s'oriente dans le sens ventral tandis que l'œil côté sain est franchement dévié dans le sens dorsal. Cette perte du parallélisme des yeux, chaque œil étant dévié dans une direction opposée, est aujourd'hui appelé « Skew déviation » (de l'anglais « skew » = oblique, de biais) ou encore phénomène de Hertwig-Magendie. [*Figure 37*]. Ce signe est probablement lié à une atteinte du système otolithique, et peut s'inscrire dans le cadre d'un « ocular-tilt-syndrome », avec inclinaison conjointe de la tête du côté homolatéral à la lésion vestibluaire.[13]

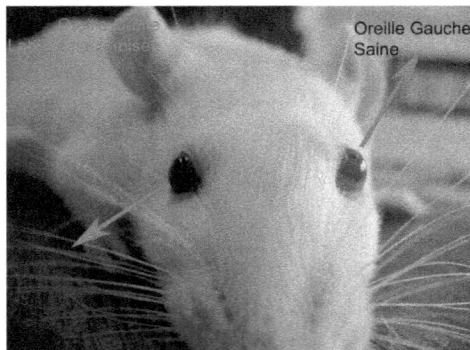

Figure 37 : **Skew deviation oculaire après labyrinthectomie droite, témoignant d'une atteinte otolithique** (*photo M.Hitier[50]*)

T'ang observe que l'orientation de l'animal en décubitus dorsal du côté de l'oreille saine augmente la skew deviation oculaire, tandis qu'elle est diminuée en cas de décubitus latéral du côté lésé.

La skew deviation apparaît très précocement, dès réalisation de la lésion labyrinthique, l'animal étant encore sous anesthésie. Cette déviation décroît rapidement dès les 24 premières heures mais reste décelable plusieurs mois, voir un an après la lesion.[116] L'amplitude de la skew deviation peut par ailleurs être accentuée en infligeant un fort mouvement de rotation longitudinale (ou de rotation horizontale) à l'animal, vers le côté lésé.[116]

1.1.1.2 Nystagmus

Après LU chez le rat un nystagmus est observé, dont la phase rapide bat dans le sens rostral et dorsal pour l'œil du côté lésé, et caudal et ventral pour l'œil côté sain. Ce nystagmus apparaît avec un délai variable selon l'anesthésie réalisée et disparaît le plus souvent dans les 48 heures (parfois jusqu'à 4 jours). Au cours de la première semaine suivant sa disparition, le nystagmus peut être redéclenché en impliquant à l'animal une rotation selon son axe longitudinale une dizaine de tours.[116]

Le nystagmus est retrouvé chez tous les mammifères, mais pas chez les animaux infra-mammaliens comme la grenouille, qui par contre présentent une skew deviation après labyrinthectomie.[104]

1.1.2 Symptômes au niveau de la tête et du cou

1.1.2.1 Torsion de la tête

Dés le réveil de l'anesthésie, le rat présente une torsion de la tête et du cou. Il s'agit d'une rotation selon l'axe longitudinal, vers le côté lésé, de telle sorte que l'oreille du côté lésé est tournée ventralement.[116] Cette torsion de tête varie de 30 à 180° lorsque l'animal repose sur le sol.[*Figure 38*]. Sa mesure est plus fiable lorsqu'elle est réalisée en suspendant le rat par le pelvis, tête pointant vers le bas. La torsion de la tête est alors mesurée entre 60 et 90°.

Cette torsion de tête ne peut être attribuée au seul effet de la voie d'abord chirurgicale. On la retrouve en effet lors de labyrinthectomies chimiques[52,50]

1.1.2.2   Inclinaison de la tête

Parallèlement à la torsion de tête, on observe une inclinaison latérale de la tête vers le côté lésé (le museau se rapproche de l'épaule).[*Figure 39*]. Cette inclinaison de tête apparaît légèrement plus tard que la torsion de tête. Elle est évaluée entre 30 et 50° (mesurée en suspension par le pelvis) et disparaît en quelques jours (rarement plus de 2 semaines).[116]

Figure 39 : **Inclinaison de la tête à gauche après labyrinthectomie gauche** (*photoM.Hitier*)

L'inclinaison de la tête est modifiée si on soumet l'animal à une rotation en le plaçant sur une plaque tournante. Si la rotation de la plaque est effectuée du côté sain, la torsion de la tête s'accentue (du côté lésé) ou réapparaît si elle avait disparu. Si la rotation de la plaque s'effectue du côté lésé, il n'y a pas de modification de l'inclinaison de tête pendant la rotation, par contre celle-ci est brièvement majorée à l'arrêt de la rotation.[116] Cette asymétrie lors de la rotation est observable jusqu'à 9 mois après la labyrinthectomie.

Contrairement au cobaye[106], le nystagmus de la tête n'est pas observé chez le rat.[116]

1.1.3 Torsion du tronc

Le tronc présente une torsion tout comme la tête. Le corps du rat forme ainsi une spirale.[116] Cette torsion n'est pas observée lorsque le rat repose sur le sol mais se révèle lorsque l'animal est maintenu par le pelvis tête en bas. Dans cette position, le thorax inférieur présente une torsion de 20 à 40° par rapport à l'axe du pelvis et le thorax une torsion de 40 à 90° (par rapport au pelvis). L'évolution de la torsion du tronc suit celle de la tête. Selon Magnus[72] et Schaefer[104] la torsion du tronc s'intègrerait dans le cadre du « réflexe de redressement du cou », ce qui expliquerait sa relation avec la torsion de la tête.

1.1.4 Symptômes au niveau des membres

Dans les heures qui suivent la labyrinthectomie, le rat développe une asymétrie de tonus de ses membres : Les membres du côté lésé sont fléchis et en adduction, tandis que ceux du côté sain sont en extension et abduction. [*Figure 40*]. Cette asymétrie est particulièrement visible lorsque le rat est maintenu tête en bas par le pelvis.

Figure 40 : **Labyrinthectomie droite : extension et abduction des membres droits, flexion et adductions des membres gauches.**(*photo M.Hitier*)

L'asymétrie des extenseurs persiste même après normalisation de la position de la tête. Au niveau des membres antérieurs, elle s'observe encore 2 semaines à 2 mois après l'opération. Elle est encore plus prolongée au niveau des membres postérieurs (jusqu'à 7 mois-1an).[116]

L'orientation de la tête ne semble pas avoir d'influence sur le tonus des membres. L'occlusion des yeux accentue l'asymétrie de tonus des membres chez certaines espèces (comme le chat), mais ce n'est pas le cas du rat, ni du lapin.[72]

1.1.5 Signes au niveau de la queue

Après labyrinthectomie droite, si le rat est tenu par le pelvis, la tête en bas, on observe une rotation de sa queue dans le sens antihoraire (en regardant de la queue vers la tête). En cas de labyrinthectomie gauche, la rotation de la queue s'effectue dans le sens horaire. Rarement, la rotation de la queue s'accompagne d'une rotation de la tête dans le même sens. A distance de la labyrinthectomie, la rotation de la queue est toujours observée lorsque l'animal est maintenu tête en bas par le pelvis, mais le sens de rotation devient indifféremment horaire ou antihoraire.[116] Magnus observe le même phénomène chez le chat et l'attribue à la torsion et la ventroflexion de la tête qui retentit sur les muscles de la queue.[72]

1.1.6 Mouvements et comportements après labyrinthectomie

1.1.6.1 Phénomène de roulement

1.1.6.1.1 Roulement sur le sol

L'ensemble des modifications asymétriques que l'on vient de détailler (torsion de la tête et du corps, flexion-adduction des membres côté lésé, extension-abduction côté sain…) entraîne l'animal à rouler du côté lésé. Initialement, c'est la torsion de la tête et de la partie supérieure du thorax qui déclenche la rotation. [*Figure 41*]. Secondairement seule une torsion de la tête supérieure à 180° est responsable du déclenchement du réflexe de redressement. Ce réflexe rétablit alors l'orientation du corps dans l'axe de la tête.[116] Ce phénomène de roulement finit par disparaître en quelques heures, en pratique dès que le rat tient debout sur ses pattes. Des travaux ultérieurs à ceux de T'ang montrent que le phénomène de roulement n'est pas systématique en cas de labyrinthectomie pure. Les roulements seraient plus fréquents et plus prolongés en cas de lésion associée du ganglion de Scarpa , ce qui était probablement le cas lors des expériences de T'ang.[116,66]

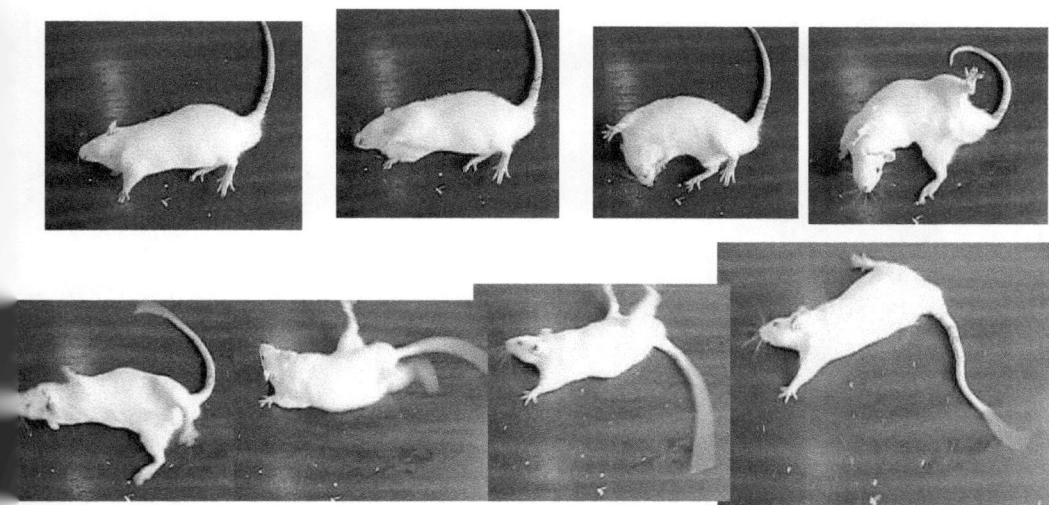

Figure 41 : labyrinthectomie droite, phénomène de roulement : le mouvement est initié par la tête et le thorax supérieur (*photo M.Hitier*)

1.1.6.1.2   *Roulement dans l'eau*

Si sur le sol le roulement est inconstant et disparaît en quelques heures, il apparaît beaucoup plus constant et prolongé lorsque l'animal est placé dans l'eau. Dans ces conditions il peut alors être observé un an après la labyrinthectomie.[116]

1.1.6.2 Phénomène de rotation

Lorsque le rat recommence à marcher son déplacement n'est pas droit. Il décrit en effet un mouvement de rotation tourné vers le côté lésé [*Figure 42*]. Cette rotation concorde avec l'inclinaison de la tête et la concavité du corps côté lésé. Elle peut être sensibilisée en maintenant la tête à un angle d'environ 30° sous l'axe horizontal.[66,25] Ce phénomène de rotation disparaît le plus souvent à la fin de la première semaine suivant la labyrinthectomie.[116] Néanmoins cette rotation peut être observée plusieurs mois après la lésion, si l'animal est placé dans l'eau (accompagné également de phénomènes de roulement). [*Figure 43*].

Figure 42 : Labyrinthectomie droite :
rotation vers la droite. les jours suivant la lésion.
(*Photo M.Hitier*)

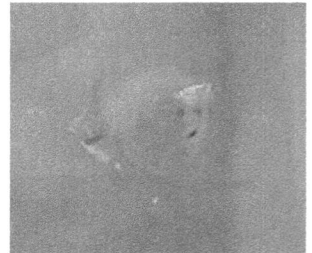

Figure 43 : Réapparition de la rotation 3 mois plus tard lorsque le rat est placé dans l'eau. (*photo M.Hitier*)

1.1.6.3 Test de suspension par la queue

Si l'on suspend un rat normal par la queue, celui-ci a tendance à redresser la tête (dorsiflexion) par mise en jeu du « réflexe de redressement ».[84] Après labyrinthectomie le rat suspendu par la queue déclenche une rotation du côté opposé à la lésion (une labyrinthectomie droite entraîne une rotation dans le sens antihoraire). Cette rotation s'effectue donc dans le

72

sens contraire de la torsion du corps et de la tête décrit précédemment. De plus la rotation suspendu ne peut être attribuée au phénomène de rotation de la queue. En effet, après labyrinthectomie droite, la queue tourne dans le sens antihoraire lorsque l'animal est maintenu par le pelvis. Le fait de tenir l'animal par la queue devrait donc entraîner une rotation du corps dans le sens horaire. Or c'est l'inverse qui se produit en réalité. De plus le phénomène de rotation suspendue persiste très longtemps après la lésion labyrinthique, alors que la rotation de la queue est déjà devenue indifférente.

En observant précisément l'initiation de la rotation suspendue, on constate que l'animal présente initialement la torsion de tête et de corps révélée après toute labyrinthectomie (Cf. paragraphes 1.1.2.1 et 1.1.3). La suspension par la queue entraîne une ventroflexion asymétrique (prédominante du côté sain) qui accentue la torsion du corps et de la tête (avec l'oreille lésée orientée vers le sol). [*Figure 44*] La répétition de cette ventroflexion qui s'oriente dans le plan horizontal va provoquer la rotation de l'animal autour de l'axe de sa queue (vertical).[50] [*Figure 45*]

Ce signe très sensible (> 90 % dans notre expérience[50]), s'atténue peu avec le temps et persiste plusieurs mois après la labyrinthectomie. Paradoxalement, on ne le retrouve cité qu'une seule fois[52], et jamais décrit précisément dans la littérature.

Figure 44 : **Labyrinthectomie droite, test de suspension par la queue : Initiation de la rotation : La torsion est identique à celle observée au repos (avec l'oreille lésée orientée vers le sol). La ventroflexion amène le thorax de l'animal dans le plan horizontal (*photo Pr. Moreau, M.Hitier*)**

73

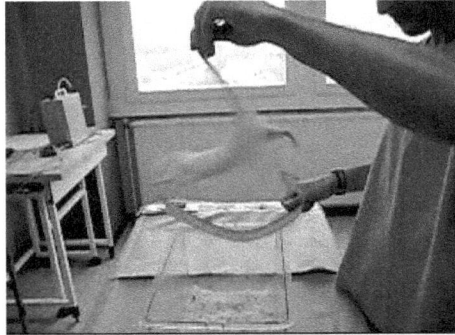

Figure 45 : **Labyrinthectomie droite : rotation suspendue vers la gauche (sens antihoraire)** (*Photo Pr Moreau, M. Hitier*)

1.1.7 Syndrome dynamique et réflexes

Tous les signes que nous avons décrits précédemment sont observés chez un animal initialement en position statique : on peut donc les rassembler sous le terme de syndrome vestibulaire statique[112]. Parallèlement le système vestibulaire peut être étudié lorsque l'animal est soumis à des mouvements. Dans des conditions normales ces mouvements sont responsables de réflexes. L'altération de ces réflexes constitue le syndrome vestibulaire dynamique[112].

1.1.7.1 Réflexe Vestibulo-Oculaire (RVO)

Le but du RVO en condition physiologique est de stabiliser l'image de la rétine lors de la rotation de la tête. Le déplacement de la tête est donc compensé par une rotation de l'œil dans le sens inverse. Le gain du RVO est alors défini comme le rapport : vitesse de la phase lente de l'œil / vitesse angulaire de la tête.[46]

Après LU le RVO étudié en rotation dans le plan horizontal (HRVO) voit son gain fortement diminuer lors de la rotation du coté lésé (étude chez le poisson , la grenouille, le cobaye, le lapin, le chat , le singe et l'homme). A distance de la LU, le gain du HRVO s'améliore mais reste largement infranormal plusieurs mois après la labyrinthectomie (en particulier lors de la rotation côté lésé)[46]. Dans le plan vertical le RVO (= VRVO) présente une diminution bilatérale de son gain après LU, principalement lors de la rotation vers le haut.

1.1.7.2   Réflexe Opto-Cinetique (ROC)

Parallèlement au RVO, la stabilisation du regard fait intervenir le ROC. Le gain du ROC se définit comme le rapport : vitesse des yeux / vitesse de déplacement du patron visuel. Après LU le ROC devient asymétrique, avec une forte diminution du gain lorsque l'environnement visuel se déplace du côté sain (soit dans la même direction que les yeux lors de la rotation de la tête du côté lésé).[46,112] L'asymétrie du ROC disparaît dans la semaine suivant la labyrinthectomie, cependant les valeurs de gains restent inférieures à la normale.[31]

1.1.7.3   Autres Réflexes

Il existe d'autres réflexes comme le réflexe vestibulo-spinal, ou le reflex vestibulo-nuqual qui ont surtout été étudiés chez le chat et les primates, et que nous ne détaillerons pas ici.[46]

Le syndrome vestibulaire unilatéral est donc responsable d'une association de signes statiques oculaires et posturaux nettement visualisables à sa phase aiguë. Ces signes vont s'atténuer plus ou moins rapidement jusqu'à disparaître. La disparition de ces signes constitue le phénomène de *compensation* du système nerveux face à la lésion vestibulaire.
Parallèlement aux signes statiques, il existe des signes dynamiques, représentés par des réflexes, dont l'examen et la compensation sont plus subtils à analyser.

1.2   Le syndrome vestibulaire bilatéral

Le cas des lésions vestibulaires bilatérales a été beaucoup moins étudié que celui des lésions unilatérales (chez le rat et l'animal en général).[46] T'ang semble être le premier à l'avoir étudié[117], mais ses conclusions semblent brèves (2 pages publiées) et sont actuellement introuvables dans les bibliothèques universitaires Européennes, ni même auprès de la bibliothèque nationale de Chine ! Ses travaux sont néanmoins évoqués par Hunt.[52] Fondamentalement, deux situations sont à distinguer : soit la lésion labyrinthique est bilatérale d'emblée, soit les lésions sont décalées dans le temps et la première lésion peut être alors déjà (au moins partiellement) compensée.

1.2.1 Lésions vestibulaires bilatérales synchrones

La privation complète de toute information vestibulaire entraîne un trouble symétrique important de l'équilibre : Au réveil, le rat a une position « plaquée » au sol, les 4 membres en adduction[52]. Ses premiers levés révèlent une attitude ébrieuse avec amples oscillations latérales du corps et chute alternativement à droite et à gauche.[50] Lorsque la marche apparaît, les pattes restent très collées au sol à la manière des plantigrades[52], mais avec une tendance à garder les membres en adduction[52]. Lors de ces déplacements, la tête du rat réalise des mouvements amples et anarchiques[25] parfois interrompus par des secousses brèves de la tête en dorsiflexion[52]. Ces épisodes de dorsiflexion de la tête s'accompagnent parfois d'extension bilatérale des membres antérieurs pouvant se poursuivre par un déplacement en *marche arrière rapide* . Durant cette marche arrière, la tête est maintenue en dorsiflexion, ou parfois en ventroflexion. [*Figure 46*] Ces épisodes de marches arrière sont fréquents puisque dans notre expérience on les retrouves chez près de 70 % des rats bilabyrinthectomisés (par méthode chirurgicale ou par méthode chimique).[50] Cependant de façon surprenante, ce phénomène n'est pas décrit, ni même évoqué dans la littérature.

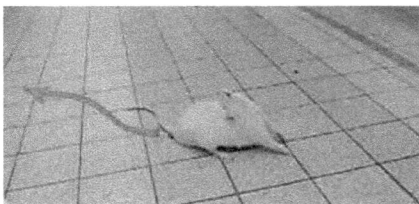

Figure 46 : Labyrinthectomie bilatérale : Dorsiflexion cervicocéphalique, extension des membres antérieurs et marche arrière rapide (*photo M.Hitier, P.Denise*)

Le **test de suspension par la queue** chez le rat bilabyrinthectomisé, entraîne une ventroflexion, qui persiste plusieurs mois après la lésion.[52,84] [*Figure 47*]Cette ventroflexion disparaît (avec réapparition du réflexe de redressement de la tête) lorsque les pattes avant de l'animal touchent légèrement le sol.[84] Ce phénomène de redressent, déclenché par des afférences somesthésiques, pourrait éventuellement être impliqué dans le phénomène de marche arrière rapide observé chez les rats bilabyrinthectomisés (hypothèse personnelle basée sur l'observation). Par ailleurs, la ventroflexion lors de la suspension par la queue est accentuée si une lésion du thalamus latéral accompagne la labyrinthectomie bilatérale.[84]

Figure 47 : Labyrinthectomie bilatérale : test de suspension par la queue : ventroflexion (*photo M.Hitier, B.Phyloxène*)

La capacité du rat à se redresser s'il est lâché en l'air (**Air righting reflex**), est également altérée.[81] : En pratique, si l'animal est lâché d'une hauteur d'environ 45cm en position ventre vers le ciel, le rat bilabyrinthectomisé chute sur le dos, tandis que le rat normal chute sur ses pattes.

Il existe également une altération du réflexe de redressement au contact (**Contact righting reflex**). Ce réflexe est évalué en allongeant l'animal sur le dos et en plaçant une surface horizontale (plaque de plexiglas) au contact de ses pattes. Le rat normal se redresse au contact du plexiglas, tandis que le bilabyrinthectomisé garde sa position étendue sur le dos, avec ses pattes au contact de la plaque comme s'il marchait sous elle.[81,115]

L'observation en champs libre des rats après labyrinthectomie bilatérale montre que leur **activité locomotrice** est augmentée.[91] D'autres travaux montrent que les capacités à apprendre à **s'orienter** sont altérées chez les rats bilabyrinthectomisés[81] et que l'orientation spatiale repose alors sur les repères visuels.[115] Ces résultats sont appuyés par les fortes relations qui semblent exister entre le système vestibulaire et le système hippocampique.[113,67]

1.2.2 Lésions vestibulaires bilatérales successives

C'est Vladimir Bechterew qui le premier réalisa des lésions vestibulaires successives. Il travaillait alors sur le pigeon, la grenouille et le lapin.[10] Il montra que la réalisation d'une lésion vestibulaire plusieurs jours après une première lésion vestibulaire controlatérale entraînait, non pas les signes de labyrinthectomie bilatérale synchrone, mais une inversion du syndrome vestibulaire initiale. Schématiquement, le tableau clinique se résume donc à celui de la deuxième lésion comme si elle était isolée et que la première lésion labyrinthique (controlatérale) n'avait pas eût lieu. Ce principe est aujourd'hui nommé *« phénomène Bechterew »*.

Figure 48 : V.Bechterew en 1912

Il mourrut empoisonné en 1927, deux jours après avoir diagnostiqué à Staline une paranoïa sévère.

(d'après http://fr.wikipedia.org)

Malgré l'absence de labyrinthe controlatéral fonctionnel, le syndrome vestibulaire unilatéral observé à la phase aiguë du phénomène de Bechterew régresse, et cette compensation est plus rapide que lors d'une LU isolée.[104,108]

2 Compensation vestibulaire

Comme nous l'avons vu, les symptômes liés à une lésion vestibulaire s'amenuisent avec le temps, définissant ainsi la compensation vestibulaire.

La cinétique de cette compensation peut distinguer 2 phases :

1. Une phase aiguë : où s'effectue une régression rapide mais très incomplète des asymétries, permettant à l'animal de récupérer une certaine autonomie. Cette phase dure 2 à 3 jours chez le rat (2 semaines chez le chat).[112,46]

2. Une phase de compensation prolongée : où disparaissent progressivement les déficits posturaux statiques et dynamiques. Cette phase s'établit principalement en une semaine chez le rat et le cobaye (1 à 2 mois chez le chat).[46]

Au niveau central, la labyrinthectomie unilatérale(LU) s'accompagne initialement d'une suppression de l'activité de repos des noyaux vestibulaires ipsilatéraux à la lésion (études électrophysiologiques[112] et métaboliques par la captation de 2 deoxyglucose[71]). Cette activité de repos va ensuite récupérer un niveau normal (en particulier au niveau du noyau vestibulaire médian) qui correspond cliniquement à la disparition du nystagmus spontané. Le niveau d'activité de repos du noyau vestibulaire médian (NVM) peut donc être considéré comme un marqueur de la compensation vestibulaire [112,46,61]

Le phénomène de compensation ne peut être attribué à la récupération vestibulaire périphérique car la destruction de l'oreille interne persiste histologiquement, et les neurones du nerf vestibulaire dégénèrent, tandis que l'animal récupère cliniquement.[116,66,115] Ainsi la compensation des lésions vestibulaires périphériques doit donc être attribuée à un mécanisme d'adaptation du système nerveux central (SNC). D'un point de vue purement théorique, toute adaptation du SNC face à une lésion peut se faire selon 2 principes : [46]

1. **La restitution fonctionnelle** : le SNC tente de restituer le schéma nerveux existant avant la lésion. Cette restitution peut faire appel à des mécanismes

de repousse axonale, de bourgeonnement de collatérale d'axone, de démasquage de synapse latente, d'hypersensibilité de dénervation, l'apparition de nouveaux neurones ou encore de changement de phénotype neuronale.[46]

2. **La restructuration fonctionnelle** : le SNC remplace le schéma nerveux préexistant avant la lésion par un nouveau schéma nerveux établi à partir des systèmes non concernés par la lésion. La plupart des travaux concernant la compensation vestibulaire s'appuient sur cette théorie. Les autres structures nerveuses intervenant dans l'équilibre, la posture et l'oculomotricité (système visuel, somesthésie, cervelet…), interviendraient pour compenser le déficit vestibulaire. Ceci constitue le modèle vicariant[112] ou modèle substitutioniste[46].

Afin d'appréhender le phénomène complexe de la compensation, nous ne nous limiterons pas aux résultats obtenus chez le rat, et nous intègrerons à notre réflexion les travaux réalisés chez d'autres mammifères.

2.1 Le modèle vicariant ou substitutioniste

De façon générale le terme « vicariant » s'emploie pour désigner un organe ou une fonction qui joue le rôle d'un autre organe ou d'une autre fonction déficients. Dans le cadre de la compensation vestibulaire, ce sont les autres modalités sensorielles et intégratives qui se substituent au labyrinthe déficient.

2.1.1 Rôle du labyrinthe intact

2.1.1.1 Rôle sur les signes statiques

L'idée que le labyrinthe intact après LU pourrait remplacer les signaux, habituellement fournis par le labyrinthe désormais lésé, est séduisante mais très insuffisante lorsqu'on connaît le phénomène de Bechterew. En effet comme nous l'avons vu précédemment, malgré la destruction du premier labyrinthe, le syndrome vestibulaire lié à la deuxième labyrinthectomie finit par compenser. Cette compensation est même plus rapide qu'en cas de labyrinthectomie unilatérale isolée.[108]

De plus, en cas de labyrinthectomie bilatérale synchrone (LB), on observe comme en cas de LU, une récupération de l'activité spontanée des noyaux vestibulaires centraux désafférentés.[130]

Par ailleurs, le système commissural reliant les noyaux vestibulaires à leurs homologues controlatéraux ne jouent pas un rôle fondamental dans la compensation du syndrome vestibulaire statique. Leur section n'empêche effectivement pas la récupération de l'activité de repos du NVM, ni la disparition des signes statiques.[112] De plus chez l'animal compensé (chat[100] et singe[33]), la section du système commissural n'entraîne pas de décompensation.

2.1.1.2 Rôle sur les signes dynamiques

Contrairement aux signes statiques, le rôle du labyrinthe intact dans la compensation après LU semble beaucoup plus fondamental pour les symptômes dynamiques. En cas de LB, synchrones ou successives, les capacités d'équilibration cinétique ne récupèrent jamais complètement.[53] La persistance d'un labyrinthe intact et l'intégrité des noyaux vestibulaires apparaissent essentiels à la récupération des fonctions d'équilibration cinétique requérant des ajustements posturaux précis et rapides.[136] Les études électrophysiologiques montrent que les afférences commissurales issues des unités controlatérales canalaires sont nécessaires à la récupération des symptômes dynamiques chez les mammifères. Le fait que ces afférences commissurales soit potentialisées, ou agissent en restant à leur niveau de base, reste encore à préciser.[41,40]

2.1.2 Rôle de la vision

2.1.2.1 Effet de la vision sur les signes statiques

2.1.2.1.1 *Effet de la privation de stimulus*

Le fait de garder l'animal dans l'obscurité retarde la disparition du nystagmus spontané chez le chat[19], tandis que son effet est plus limité chez le cobaye[112] et chez le singe[34]. L'effet de l'obscurité apparaît encore plus net sur la compensation de l'inclinaison céphalique du côté lésé : L'inclinaison persiste chez l'animal maintenu dans l'obscurité (chez le chat[96] et le cobaye[112]). De plus l'inclinaison cervicale réapparaît si un chat, ayant compensé, est placé dans l'obscurité 1 an après la lésion[18] .

2.1.2.1.2 *Lésions des voies visuelles*

La réalisation de lésions à différents niveaux des voies visuelles, entraîne des retentissements sur les signes statiques oculaires et posturaux :

- L'ablation des **lobes occipitaux** après LU, fait réapparaître l'inclinaison céphalique de façon prolongée (6 mois) chez le singe.[34]
- La lésion du système **olivo-cérébelleux** (véhiculant des informations visuelles) perturbe la compensation de la skew deviation et le redressement de la tête chez le rat[68].
- La lésion du **colliculus supérieur** inhibe la compensation du nystagmus spontanée oculaire[46].
- La lésion du **noyau interstitiel de Cajal** retarde la compensation de l'inclinaison de la tête[38].

2.1.2.2   Effet de la vision sur les signes dynamiques

2.1.2.2.1   *Effet de la privation de stimulus*

L'obscurité imposée au chat pendant le mois suivant une LU est responsable d'une diminution des vitesses oculaires lors du RVO, comparé à des animaux ayant bénéficiés d'informations visuelles normales. Les vitesses oculaires s'améliorent si les rats ayant subi l'obscurité sont ultérieurement replacés dans un environnement éclairé.[20]

2.1.2.2.2   *Lésions des voies visuelles*

La réalisation de lésions à différents niveaux des voies visuelles, ralentit voir limite la récupération du RVO après LU :

- Après lésion des **voies géniculo-striées** la récupération du RVO est incomplète (25 à 40 %) et ne concerne que les mouvements oculaires déclenchés à faible vitesse de rotation. [34]
- La lésion du **colliculus supérieur** controlatérale limite également significativement la récupération du RVO (la labyrinthectomie étant réalisée après compensation de la lésion colliculaire chez le chat).[46]
- L'ablation du **flocculus** controlatéral, 1 à 2 mois avant LU empêche la récupération du gain du RVO[17].

- L'ablation du **cervelet** réalisée après symétrisation du RVO entraîne une décompensation transitoire pendant une dizaine de jours.[17]
- La destruction de l'**olive inférieure** empêche également la compensation du RVO.[68] Selon Llinéas l'olive inférieure, en fournissant au flocculus des informations visuelles, serait le siège des apprentissages moteurs permettant la compensation après LU.[68]

Parallèlement aux modification du RVO, le ROC apparaît potentialisé en cas de suppression totale des informations vestibulaires chez le chat[7], chez le singe[27] et chez l'homme[55].

Pour Gustave Dit Duflo, le rôle du système visuel dans la compensation après LU apparaît prédominant au début de l'adaptation. En effet, la réorganisation intrinsèque du système vestibulaire s'établit à long terme. Le système visuel paraît au contraire rapidement opérationnel, dès la disparition du nystagmus. La vision pourrait ainsi plus rapidement aider l'animal lésé à se déplacer lors de la phase aiguë des troubles. Ces déplacements sollicitant les récepteurs labyrinthiques intacts (controlatéraux) favoriseraient le développement de la substitution d'origine vestibulaire des signes dynamiques.[46]

2.1.3 Rôle des afférences somesthésiques et médullaires

2.1.3.1 Effet de la privation de stimulus

La privation de stimulus somesthésiques en suspendant un cobaye **sans contact avec le sol**, retarde la compensation du syndrome postural, mais affecte peu celle du nystagmus. Après compensation, la suspension du cobaye entraîne la réapparition de l'asymétrie posturale.[104] Ces résultats peuvent être rapprochés du test de suspension par la queue que nous effectuons chez le rat. La rotation induite par la suspension persiste en effet alors que l'animal paraît complètement compensé lorsqu'il repose sur le sol.[50]

Une restriction sensori-motrice par **contention générale** chez le singe entraîne une régression de la compensation du syndrome postural au niveau de celui atteint 48 h après une neurectomie vestibulaire chez un animal non immobilisé. Lorsque l'animal est libéré, il compense son déficit postural mais garde un retard, comparé aux animaux jamais restreints. La contention générale n'influence cependant pas la compensation du nystagmus.[64]

2.1.3.2 Lésions médullaires et radiculaires

La réalisation de lésions médullaires ou radiculaire chez des animaux compensés, montre l'importance des afférences médullaires dans l'équilibre obtenu par la compensation après LU :

- La **section médullaire**, aux étages cervical, thoracique ou lombaire, entraîne une réapparition du syndrome postural chez le cobaye.[5]
- La **rhizotomie dorsale** au niveau thoraco-lombaire provoque les mêmes résultats.[5]
- La **section des racines cervicales** ipsilatérales chez le lapin compensé entraîne la réapparition du syndrome postural et du nystagmus qui dure plus d'un mois.[22] La section des racines cervicales controlatérales à l'oreille lésée n'induit pas de telles conséquences.
- Des études électrophysiologiques, après section médullaire chez des cobayes unilabyrintectomisés au stade compensé, retrouvent une diminution de l'activité spontanée des neurones de types I du NVM coté lésé, associée à une augmentation de cette activité du côté sain. L'activité des neurones de type II n'est en revanche pas modifiée. L'efficacité des voies commissurales (entre neurones de type I et neurones de type II) est également réduite chez les animaux avec section médullaire comparé aux animaux unilabyrinthectomisés sans lésion medullaire.[6]

2.1.3.3 Etudes électrophysiologiques lors du stimulus naturel

Des enregistrements électrophysiologiques au niveau du NVL ont été réalisés lors de stimulations proprioceptives en inclinant le tronc par rapport à la tête chez le chat, après neurectomie vestibulaire. Dés les premiers jours post-lésionnels, il existe une augmentation de plus de 20 % des neurones activés par la stimulation cervicale.[137]

L'ensemble de ces travaux montrent le rôle primordial des afférences somatiques et de l'activité propre de l'individu dans l'établissement, mais également le maintien, de la compensation vestibulaire.[46]

2.1.4 Rôle du cervelet

Etant données les relations anatomiques étroites entre le système vestibulaire et les voies cérébelleuses le rôle du cervelet dans la compensation vestibulaire a été évoqué très précocement.

2.1.4.1   Retentissement des lésions cérébelleuses

Dès les années 1920 les études lésionnelles de Magnus montre les influences cérébelleuses.[72]

- Une **cérébellectomie** réalisée jusqu'à 9 mois avant un LU, ralentit nettement la compensation de la déviation posturale céphalique (chez le cobaye). En revanche, il n'y a pas d'effet sur la compensation du nystagmus oculaire.[104]
- Une lésion isolée du **vermis postérieur** entraîne également un retard de compensation des symptômes statiques sans influence sur le nystagmus. L'effet est moins important en cas de lésion isolée du **vermis antérieur**.[105]
- La lésion conjointe du **noyau fastigial** et du labyrinthe entraîne une addition de leurs symptômes et un retard important de leurs compensations (chez le chat). Si l'ablation du noyau fastigial est effectuée après compensation des signes vestibulaires, une décompensation est observée (chez le chat).[104]

2.1.4.2   Electrophysiologie et influence cérébelleuse

En enregistrant l'activité électrique du NVM chez le chat, Mc Cabe et Ryu observaient une disparition bilatérale quasi complète de l'activité de repos de ces noyaux dans les jours suivant une LU chez le chat. Si une lésion cérébelleuse était pratiquée avant la labyrinthectomie, la réduction d'activité des NVM ne concernait alors que le côté ipsilatérale à la labyrinthectomie[76]. Mc Cabe considère ainsi que le rôle du cervelet lors de la compensation vestibulaire est d'inhiber l'activité du NVM controlatéral à l'oreille lésée. Ceci permettrait de diminuer l'asymétrie d'activité des 2 noyaux vestibulaires et ainsi de compenser l'asymétrie clinique liée à la lésion labyrinthique. Ultérieurement, lors de la compensation prolongée, les 2 NVM retrouvent leurs activités de repos normal pré-lésionnelles (LU isolée chez le chat)[76].

2.1.4.3   Biologie moléculaire et influence cérébelleuse

En utilisant l'expression du gêne Fos comme marqueur de l'activité neuronale, Kitahara[61] précise l'hypothèse émise par Mc Care : Après LU, on observe une augmentation de l'expression du gêne Fos au niveau du NVM ipsilatéral. Cette expression disparaît au 3e jour post-lésionnel. Des études immunohistochimiques montrent que les neurones exprimant Fos dans le NVM se projettent en fait dans le vestibulo-cerebellum.[61] Ils agiraient plus précisément, au niveau des récepteurs NMDA des cellules de Purkinje du flocculus. Les cellules de Purkinje, via leurs axones GABAergiques, seraient alors responsables de l'inhibition du NVM controlatéral. Ces conclusions s'appuient sur l'étude de l'expression de Fos dans les NVM au cours de modèles lésionnels incluant des lésions du flocculus, et sur des études pharmacologiques.[61] **Ainsi d'après Kitahara, le cervelet permettrait de diminuer l'asymétrie des NVM en diminuant l'activité du NVM controlatéral et serait donc responsable de la régression des premiers symptômes à la phase aiguë de la compensation.** [*Figure 49, 50, 51*].

Au cours de la compensation prolongée, toujours d'après Kitahara, le cervelet interviendrait encore dans le retour à une activité de repos normale des 2 NVM. L'auteur suggère que l'activité du NVM ipsilatéral soit restituée par levée de l'inhibition exercée par les cellules de Purkinje du flocculus. Cette levée d'inhibition serait réalisée par une down-regulation des récepteurs à Glutamate delta-2 (GluRd2) au niveau des synapses entre fibres parallèles et cellules de Purkinje. Cette down-regulation des GluRd2 au niveau des cellules de Purkinje serait liée à une déphosphorylation du récepteur, provoquée par une diminution de l'activité Protéine Kinase C (PKC), et une augmentation de l'activité de la Protéine Phosphatase 2A (PP2A). [*Figure 52 et 53*].

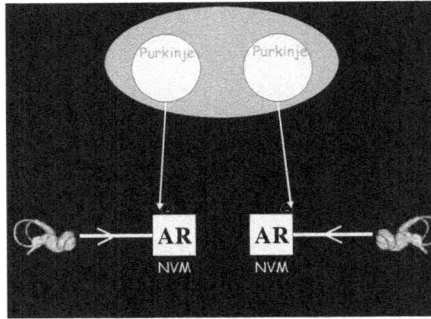

Figure 49 : Influence du cervelet sur le système vestibulaire : A l'état basal, les cellules de Purkinje exercent une inhibition des noyaux vestibulaires médiaux (NVM) ; AR : Activité de repos du NVM. (*schéma M.Hitier d'après Kitahara[61]*)

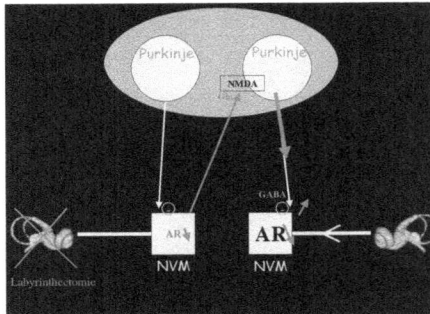

Figure 50 : Phase Aiguë de la compensation après labyrinthectomie : la baisse de l'activité de repos du NVM ipsilatéral stimule l'activité inhibitrice des C. de Purkinje sur le NVM controlatéral. (*schéma M.Hitier d'après Kitahara[61]*)

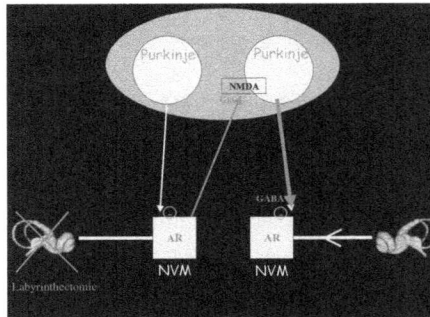

Figure 51 : Compensation Aiguë : Activité rééquilibrée des 2 NVM permettant la régression des premiers symptômes. (*schéma M.Hitier d'après Kitahara[61]*)

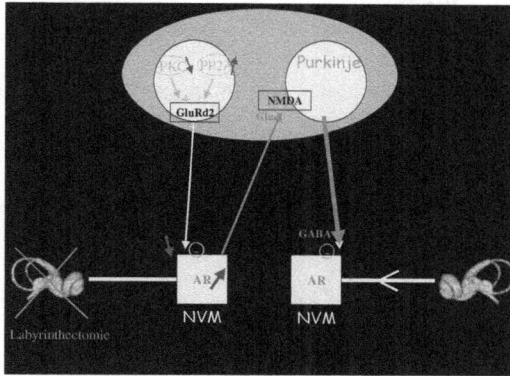

Figure 52 : Phase prolongée de la compensation : Diminution de l'effet inhibiteur des C. de Purkinje sur le NVM ipsilatéral, par down-regulation des récepteurs Glutamate delta 2 (GluRd2) sous l'action de la phosphatase 2A (PP2A) et de la protéine kinase C (PKC). (*schéma M.Hitier d'après Kitahara*[61])

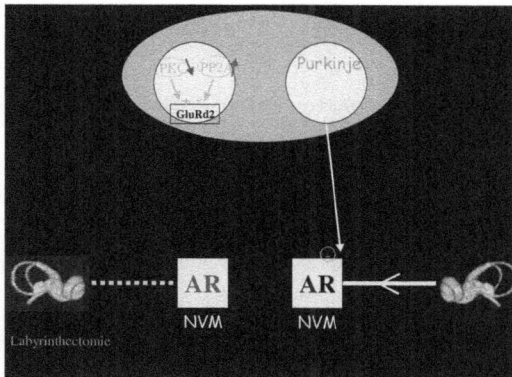

Figure 53 : Phase prolongée de la compensation : Restauration d'une activité de repos normale au niveau des 2 NVM. (*schéma M.Hitier d'après Kitahara*[61])

2.1.5 Rôle du cortex cérébral

L'influence du cortex cérébral sur le système vestibulaire commence à être mieux comprise :
- Les noyaux vestibulaires se projettent au niveau cortical sur les aires 3a, 2v et sur le cortex vestibulaire pariéto-insulaire.
- Le cortex pariétal se projette directement sur les noyaux vestibulaires : au niveau du NVI (zone latéro-ventrale) et du NVM (partie caudale).
- L'aire 7 du cortex se projette indirectement sur les noyaux vestibulaires via le thalamus, le colliculus supérieur, les noyaux du pont, le prepositus hypoglossi et les neurones reticulo-spinaux.[46]

2.1.5.1   Etudes lésionnelles corticales

La **lésion isolée du cortex frontal et pariétal** entraîne chez le cobaye un syndrome postural assez semblable à celui d'une LU isolée du côté controlatéral.[104] Ce syndrome disparaît en quelques jours.

Si l'ablation d'un hémisphère est effectuée chez un cobaye **ayant déjà subi une LB**, on observe une importante déviation de la tête associée à un nystagmus oculaire. Initialement la tête est déviée du côté de l'hémisphèrectomie, mais après 3 jours la tête s'incline du côté opposé.[104]

La réalisation d'une **LU chez un cobaye ayant déjà subi une hémisphèrectomie**, retentie différemment selon le côté de la lésion labyrinthique :
- En cas de **LU controlatérale** à la lésion hémisphérique : Une très importante asymétrie posturale est observée dont la compensation est très lente. La compensation du nystagmus en revanche est peu influencée par l'hémisphèrectomie.[104]
- En cas de **LU homolatérale** à la lésion hémisphérique : le tableau s'apparente à celui d'une LU isolée sans lésion hemisphérique.[104] Si après compensation de ces lésions une labyrinthectomie controlatérale est réalisée secondairement, un phénomène de Bechterew est observé. La

compensation de ce phénomène de Bechterew sera alors beaucoup plus lente que celle réalisée en l'absence de lésion hémisphérique.

2.1.5.2   Stimulation corticales

L'effet de la stimulation corticale après LU dépend de la latéralité de l'hémisphère stimulé :
-   Une stimulation cortical homolatérale à la lésion labyrinthique majore le nystagmus.
-   Une stimulation controlatérale va au contraire diminuer le nystagmus.[104]

2.1.6 Conclusion sur le modèle vicariant

L'ensemble de ces travaux montre la complexité du phénomène de compensation et le risque d'erreurs en interprétant un résultat isolément. Smith rappel 3 notions qu'il convient de garder à l'esprit [112]:
-   Le fait qu'une modalité sensorielle soit nécessaire à la compensation ne signifie pas obligatoirement que cette modalité soit potentialisée (elle peut en effet être nécessaire en restant à son niveau d'activité normal).
-   Le concept de diaschisis ne doit pas être négligé : la lésion d'une structure anatomique peut s'accompagner de lésion des voies adjacentes à cette structure et entraîner un retentissement fonctionnel sur des structures anatomiques très éloignées de la lésion initiale. Les expériences d'hémisphèrectomie réalisées dans les années 1930 doivent par exemple être interprétées avec prudence tant la lésion est vaste et donc susceptible d'effets indirects multiples.
-   La privation sensorielle peut engendrer d'importantes modifications du comportement, qui peuvent retentir sur la compensation, sans que la modalité sensorielle soit directement en cause. Par exemple la privation visuelle retentit sur la vigilance et l'activité locomotrice qui sont peut-être plus impliquées dans la compensation que la vision elle-même.[112]

Ces travaux, s'ils participent donc à l'élaboration du modèle vicariant, ne permettent en aucun cas de modéliser le phénomène de compensation de façon simple. Concernant les symptômes statiques, si le rôle du labyrinthe controlatéral apparaît négligeable, les afférences visuelles, somatosensorielles et le cervelet semblent chacun impliqués dans l'installation et le maintien de la compensation, sans que l'une de ces modalités soit nettement prédominante. La compensation du nystagmus oculaire est à distinguer des autres signes statiques car elle semble peu influencée par les afférences sensorielles et cérébelleuses. Même la vision joue un rôle faible dans la compensation du nystagmus, comparée à son rôle sur celle de la posture. On peut donc supposer que d'autres mécanismes que la vicariance rentrent en jeux pour expliquer la compensation du nystagmus. Ces mécanismes pourraient s'inscrire dans des modifications structurales que nous aborderons dans la partie suivante.

Concernant la compensation des symptômes dynamiques, les travaux sur le rat sont limités et la liste des travaux auxquels nous faisons référence est loin d'être exhaustive. Il apparaît cependant que le rôle substitutif et le renforcement des afférences sensorielles soient plus affirmés pour la compensation des symptômes dynamiques que pour celles des symptômes statiques[112]

2.2   Le Modèle structural

Les.phénomènes de plasticité du Système Nerveux Central implique des restructurations qui émanent de transformations à l'échelle cellulaire et moléculaire. Le phénomène de compensation vestibulaire implique forcément de telles transformations, qu'elles s'intègrent dans un modèle purement restitutionnel ou dans un modèle restructurationnel, de type vicariant ou non. Les mécanismes de base de la plasticité neuronal post-traumatique retrouvés dans la littérature sont l'hypersensibilité de dénervation, le démasquage de synapses latentes, la transformation phénotypique ou encore la neurogenèse. Deux autres mécanismes se mettent en place de manière plus tardive : le bourgeonnement de collatérales axonales et la régénération axonale.

2.2.1 L'hypersensibilité de dénervation

Comme son nom l'indique, il s'agit d'une sensibilité accrue des structures désafférentées qui deviennent plus réactives à l'action des neuromédiateurs. Cette hypersensibilité se matérialise par une augmentation du nombre de récepteurs post-synaptiques et/ou une augmentation de leur sensibilité.[75] [*Figure 55*]. Les neuromédiateurs intervenant dans le système vestibulaire sont nombreux et variés (voir De Waele pour revue[24]). Leur action est schématisée par la *Figure 54*.

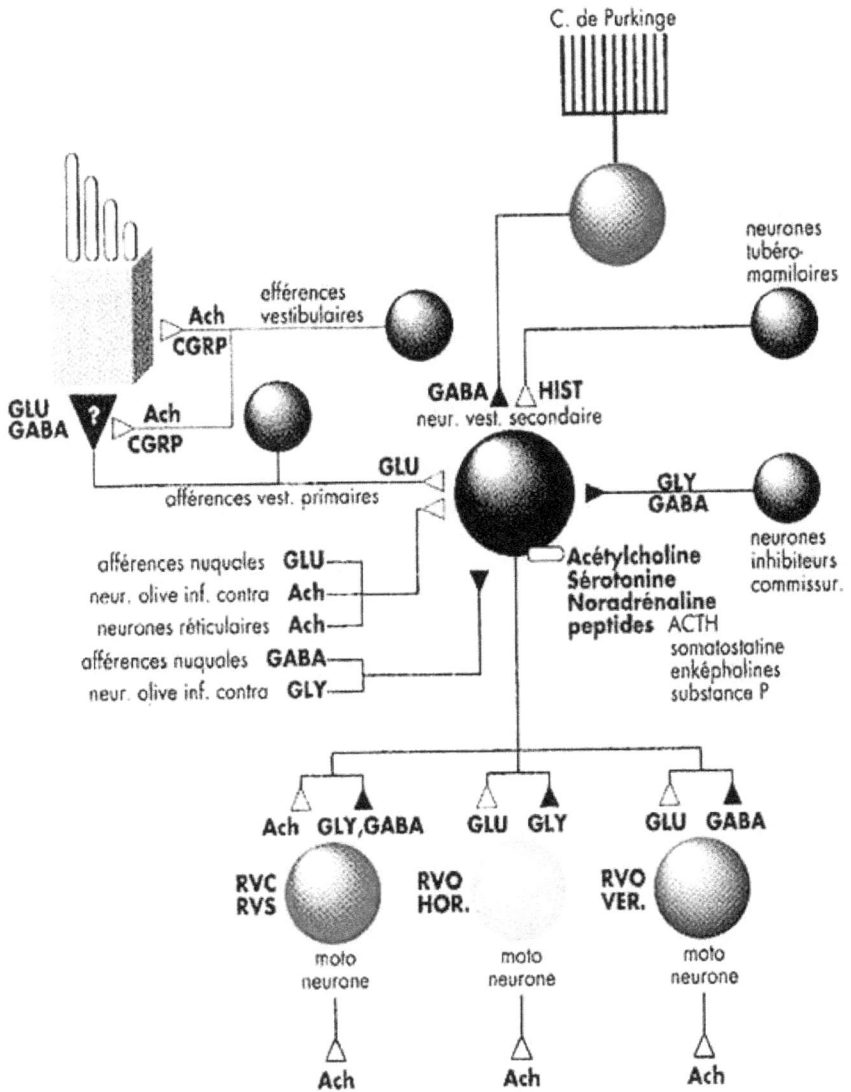

Figure 55 : Schématisation des neuromédiateurs du système vestibulaire, *d'après De Waele*[24] : action excitatrice Δ ; action inhibitrice ▲.

De nombreuses études pharmacologiques montrent que l'utilisation d'agonistes ou d' antagonistes de ces neuromédiateurs entraîne une modification de la compensation vestibulaire. Le plus souvent, les agonistes sont responsables d'une accélération de la compensation, tandis que les antagonistes la ralentissent. Ces résultats sont compatibles avec l'hypothèse de l'hypersensibilité de désafférentation sans pouvoir néanmoins l'affirmer.

Les études sur la **transmission GABAergique** apportent des arguments supplémentaires :

- L'injection d'agoniste GABA accélère la compensation des déficits posturaux.[104]

- Le marquage GABAergique augmente dans les noyaux vestibulaires désafférentés (en particulier le NVL), de façon précoce et transitoire (chez le singe).[118]

- Le nombre de récepteurs aux benzodiazépines (site régulateur des récepteurs au GABA) est augmenté dans le NVL désafférenté de façon précoce et transitoire (étude autoradiographique chez le rat).[14]

L'ensemble de ces résultats évoque un mécanisme d'hypersensibilité de désafférentation de la voie GABAergique.

Les travaux sur le **système histaminergique** sont également intéressants, avec des conséquences thérapeutiques :

Le chlorhydrate de betahistine est un agoniste des récepteurs H1 et un antagoniste des autorécepteurs H3 couramment utilisé dans le traitement des pathologies vestibulaires chez l'homme (ex.Beta Serc). Des études chez le chat évoquent une potentialisation du système histaminergique lors de la compensation vestibulaire chez le chat. Cette potentialisation serait accentuée par la betahistine :

- Le traitement per os de betahistine accélère la récupération des symptômes posturaux, locomoteurs et du nystagmus après neurectomie vestibulaire[124,121,125]

- Des études immunohistochimique montrent que le marquage des terminaisons histaminergiques des noyaux vestibulaires, est diminué lors de la compensation vestibulaire (au stade aiguë et au stade prolongé). Cette diminution de marquage est interprétée comme une augmentation de l'histamine présente dans la fente synaptique et donc occupant les récepteurs histaminergiques. En cas de traitement par betahistine au court de la compensation, la diminution du marquage est encore majorée (atteignant 90 %). La betahistine étant un inhibiteur de la recapture de l'histamine au niveau des autorécepteurs H3, son action majore donc probablement l'augmentation de concentration d'histamine dans la fente synaptique.[121]

- Durant la compensation vestibulaire, on objective une augmentation de la synthèse de l'histidine décarboxylase (enzyme synthétisant l'histamine) au niveau du noyau tuberomamillaire de l'hypothalamus postérieur. La prise de betahistine per-os augmente encore la synthèse de cette enzyme, et son effet est dose et durée dépendant.[126,125]

Ces travaux (non exhaustifs) contribuent à penser qu'après lésion périphérique, le phénomène d'hypersensibilité de désafférentation permet de potentialiser les synapses des centres vestibulaires.

2.2.2 Augmentation du nombre de neurones

Plusieurs études immunohistochimiques montrent que le nombre de certains neurones comme les neurones cholinergiques[122] ou les neurones GABAergiques[123] est augmenté dans les noyaux vestibulaires au cours de la compensation.

L'augmentation de ces neurones peut être expliqué par 2 mécanismes :

- Une **neurogenèse** : c'est à dire la naissance de nouveaux neurones au sein des noyaux vestibulaires comme semble le montrer de récentes études, avec l'apparition de neurones GABAergiques[119]

- Un **changement de phénotype neural** : certains neurones exprimant habituellement un neuromédiateur donné, pourraient se reconfigurer pour synthétiser un autre neuromédiateur. Ce phénomène a en effet été observé au sein du striatum où des neurones initialement Glutamatergique deviennent sécréteurs de somatostatine après lésion des voies corticostriée ou nigrostriée.[102] [*Figure 56*].

L'exactitude de ces hypothèses sur l'augmentation de certains neurones et leurs importances au niveau du système vestibulaire restent à préciser.

2.2.3 Démasquage de synapses latentes

Selon ce concept, il existerait au sein du SNC des synapses latentes, non opérantes. Ces synapses auraient un rôle de « synapses de secours », qui pourraient devenir opérantes en cas de lésion du SNC. Ce phénomène a été particulièrement décrit au niveau du thalamus et du cortex cérébral.[131] A notre connaissance, une seule étude évoque ce mécanisme lors de la compensation vestibulaire : Les auteurs ont étudié la réponse des cellules de Purkinje aux stimulations somesthésiques chez des grenouilles après LB, au stade aigu (30h) et prolongé (90 jours) de la compensation. Une extension de la zone cérébelleuse ainsi qu'une augmentation du nombre d'unités cérébelleuses répondant aux stimuli somesthésiques,ont été observées. Les auteurs évoquent le phénomène de démasquage de synapse latente pour interpréter ces résultats, qui par ailleurs pourraient s'intégrer dans un modèle vicariant.[1] [*Figure 57*].

2.2.4 Bourgeonnement de collatérales d'axones

De nombreux travaux ont montré qu'une structure désafférentée pouvait être réinnervée à partir d'axones de neurones adjacent non lésés, qui émettent de nouvelles collatérales [*Figure 58*]. On parle de « réinnervation hétérotopique », par opposition à la « réinnervation homotopique » où un axone régénère pour aller réinnerver la structure qu'il innervait initialement. La réinnervation hétérotopique serait basée sur une reconnaissance entre éléments pré- et post-synaptiques, selon un principe de chemoaffinité[46]. Ce phénomène fut initialement décrit au niveau médullaire, après section unilatérale des racines dorsales. Il a également été retrouvé au niveau du noyau septal (système limbique), du noyau rouge, de l'hippocampe et du cortex cérébelleux.

L'existence de bourgeonnement axonal au niveau du système vestibulaire est évoquée par certains travaux :

- Un an après LU chez le chat, des analyses en microscopie optique et électronique montrent une dégénérescence de 35 % des axones du nerf vestibulaire associé à une perte de 60% des synapses (soit 40 % restantes) du noyau vestibulaire supérieur (NVS). Deux an après la lésion, la dégénérescence axonale du nerf vestibulaire se poursuit, évaluée à 45 % du nombre initial d'axones. En revanche, le nombre de synapses du NVS a récupéré, et représente désormais 60 % du nombre des synapses avant LU.[39]

- D'autres travaux au stade plus précoce de la compensation après neurectomie vestibulaire ont été réalisés avec les mêmes techniques de microscopies, toujours au niveau du NVS. Ils montrent la diminution des synapses habituelles du NVS (contenant de petites vésicules arrondies), et l'apparition dès le 5ème-6ème jour d'un nouveau type de boutons synaptiques avec des vésicules pléiomorphiques.[63]

- Des études immunohistochimiques, toujours chez le chat, ont étudié la densité de synaptophysine au niveau du NVM après neurectomie. La synaptophysine est une protéine de structure des vésicules synaptiques. Sept jours après la lésion, la densité de synaptophysine a diminué de 35 % dans le NVM par rapport à la densité normale. A 3 semaines, la densité de synaptophysine a partiellement récupéré et le déficit est évalué à seulement 14 % de la normale. A 5 mois post lésionnels la densité de synaptophysine a retrouvé une valeur normale.[99]

- D'autres études immunohistochimiques visualisent encore l'apparition de bourgeonnement de collatérales d'axones GABAergiques au niveau du NVL, 6 mois après traumatisme cérébral.[30]

Cependant, le fait de visualiser des collatérales d'axones, ne signifie pas que celles-ci soit fonctionnelles et interviennent effectivement dans la compensation. Ainsi certains auteurs considèrent la synaptogenèse post lésionnelle, comme un phénomène délétère, conduisant à des connections erronées.[35] Néanmoins, Goldberger retrouve une corrélation positive entre la récupération clinique et la synaptogenèse, après rhizotomie chez le chat.[42] Mais en admettant que la synaptogenèse à partir de bourgeon axonal soit effective dans la compensation vestibulaire, son délai d'installation supérieur à 2 jours ne permet pas d'expliquer la compensation précoce qui s'établit dès les premiers jours.[112]

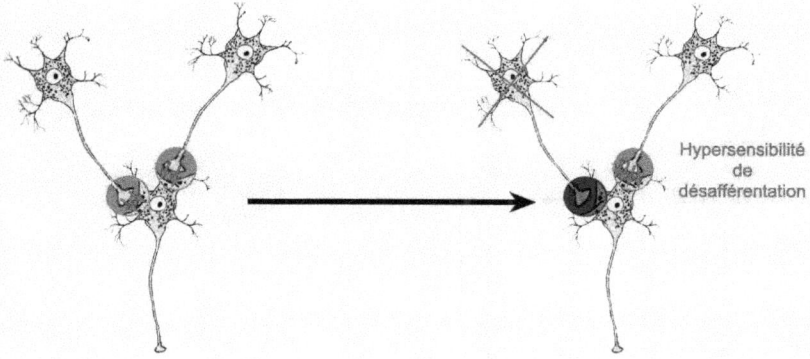

Figure 55 : Hypersensibilité de désafférentation (*Schéma M. Hitier*).

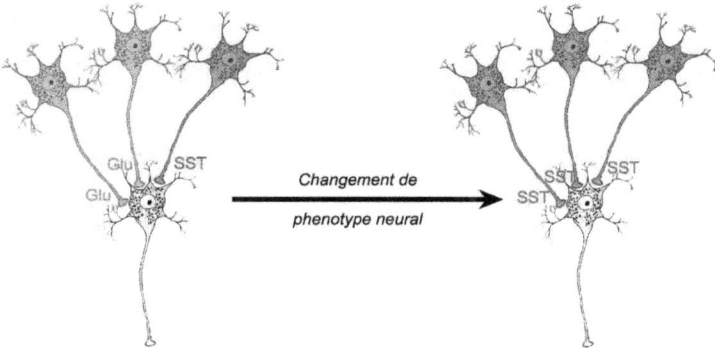

Figure 56 : Changement de phénotype neural (*Schéma M. Hitier*).
(Glu=Glutamate ; SST=Somatostatine)

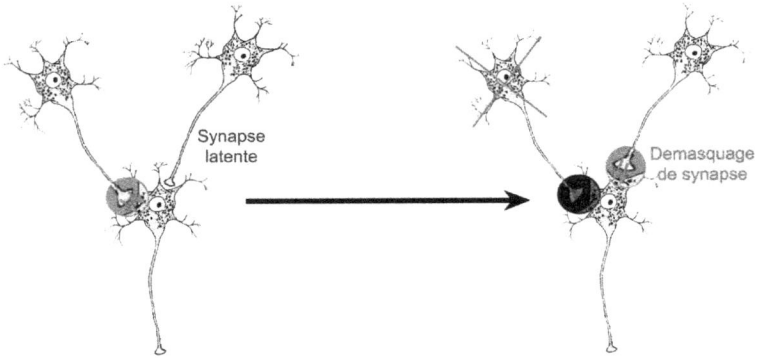

Figure 57 : Démasquage de synapses latentes (*Schéma M. Hitier*).

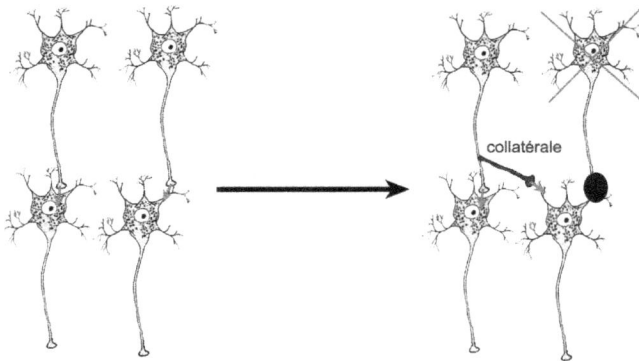

Figure 58 : Bourgeonnement d'une collatérale d'axones (*Schéma M. Hitier*).

2.3   Conclusion sur le phénomène de compensation

La compensation vestibulaire est un phénomène complexe, qui touche de façon distinct les différents symptômes vestibulaires. On peut différencier les symptômes statiques qui récupèrent en moins de 3 jours chez la plupart des mammifères ; et les symptômes dynamiques qui compensent en plusieurs semaines ou mois, voir jamais. La compensation des symptômes statiques est liée à une récupération de l'activité de repos des noyaux vestibulaires du côté lésé. Cette récupération d'activité des noyaux vestibulaires semble assez indépendante des autres modalités sensorielles et s'intègre donc mal dans un modèle substitutif vicariant. On peut donc postuler que le retour d'activité des noyaux vestibulaires est plutôt lié à des modifications structurales déclenchées par les neurones de 2nd ordre désafférentés, non spécifiques du système vestibulaire. On peut alors faire le parallélisme avec d'autres phénomènes d'adaptation après désafférentation. Dans le cas des amputations de membre par exemple, une récupération de l'activité de repos des neurones désafférentés est également retrouvée avec apparition de la sensation du « membre fantôme ».[114] Dès lors on peut considérer que la compensation vestibulaire au stade aigu correspond à l'élaboration d'un « vestibule Fantôme ». Le parallélisme de ce phénomène au niveau cochléaire serait les acouphènes de desafférentations.[134]

Conclusion

La labyrinthectomie chez le rat apparaît comme un bon modèle d'étude du système vestibulaire. En tant que rongeur le rat est phylogénétiquement proche de l'homme. De plus c'est un animal facile et peu coûteux à élever ou à anesthésier. Son anatomie est globalement formée des mêmes éléments que dans l'espèce humaine, avec une configuration dans l'espace très particulière. Les principales différences sont représentées par la forme et l'orientation des muscles cervicaux, l'os tympanique en forme de bulle, qui constitue l'oreille moyenne, la persistance de l'artère stapédienne et enfin l'orientation des canaux semi-circulaires et de la cochlée. Cette anatomie est également singulière comparée à celle d'autres rongeurs comme le cobaye. La connaissance de cette anatomie est indispensable pour élaborer la lésion vestibulaire, en particulier en cas de technique chirurgicale. La morphologie du rat permet également la réalisation de tests spécifiques comme le test de suspension par la queue. En dehors de ces petites différences, la sémiologie vestibulaire reste identique chez tous les mammifères, avec des temps de compensations parfois plus rapide (ex. rongeur) que d'autres (ex. chat). Les mécanismes centraux de compensation semblent également commun aux mammifères, sans grandes différences entre eux. Les amphibiens en revanche, semblent présenter des différences significatives comparées aux mammifères (afférences commissurales excitatrices, rôle du labyrinthe controlatérale dans la compensation des signes statiques…).

Le modèle de labyrinthectomie peut s'intégrer dans deux champs de recherche : Le premier que nous avons assez peu développé dans cet ouvrage est le modèle lésionnel : Il permet d'étudier le fonctionnement du système vestibulaire sain, en observant les modifications entraînée lors de sa lésion. C'est cette démarche que nous avons par exemple suivie pour étudier les relations entre système vestibulaire et minéralisation osseuse.[50] Le deuxième champ de recherche est celui de la plasticité neuronale et des réactions de compensations secondaires à la lésion. Ces deux champs de recherche restent étroitement liés et il ne faut jamais oublier le phénomène de compensation lorsque l'on étudie un modèle lésionnel. Dans notre étude sur la minéralisation osseuse, par exemple, l'effet observé à 35 j. de la lésion vestibulaire n'est plus retrouvé à 70 jours.[50] En connaissant le phénomène de compensation, on peut supposer que le déficit vestibulaire à 35 jours est peut-être différent de celui à 70 jours.

Le fait que les mammifères possèdent un système vestibulaire similaire, permet d'extrapoler certains résultats des études animales à l'homme :

-   Nous avons vu que la lésion du ganglion de Scarpa entraîne des symptômes plus prononcés et plus prolongés qu'en cas de labyrinthectomie isolée chez le rat. On peut donc supposer que lors de traitements destructifs pour des cas de vertiges très invalidants (ex. Maladie de Ménière sévère), la neurectomie, qui lèse le ganglion de Scarpa, aura des suites opératoires plus sévères qu'une labyrinthectomie simple (ex. chimique par aminoside).

-   La compensation permet de réduire l'asymétrie d'activité entre les NVM ipsilatéral et controlatéral à la lésion vestibulaire. Cette correction de l'asymétrie est initialement effectuée par inhibition de l'activité du NVM controlatérale. Secondairement, la compensation aboutit à une réaugmentation conjointe de l'activité des NVM. Le traitement du syndrome vestibulaire aigu chez l'homme utilise couramment l'acétyl-leucine (*Tanganil*). Ce traitement agirait en inhibant l'activité du NVM controlatéral.[129] On comprend donc son efficacité, en participant à la correction de l'asymétrie des NVM lors de la compensation initiale. En revanche, l'acetyl-leucine ralentirait la deuxième phase de la compensation (récupération de l'activité des NVM) et serait donc non indiquée au long court.

-   Lors de la compensation prolongée, un traitement comme la betahistine (*bétaserc*) semble plus utile, en potentialisant le système histaminergique.[121,124,125]

-   Ces travaux montrent également que la compensation des symptômes dynamiques est beaucoup moins évidente que celle des symptômes statiques. Dès lors on comprend que des patients puissent se dire toujours gênés, avec persistance d'une sensation d'instabilité au mouvement, alors que l'examen clinique est redevenu strictement normal. Ceci rappelle l'intérêt de l'examen vestibulo-nystagmographique (VNG), qui permet d'évaluer les réponses vestibulaires dynamiques.

Le fait que la compensation vestibulaire, même à très long terme, puisse être imparfaite (en particulier lors de lésion bilatérale), motive l'élaboration de prothèses substitutives.[109,26,43] Ces prothèses dans l'avenir, seront peut-être au système vestibulaire, ce qu'est devenu l'implant cochléaire à l'audition. (*principe illustré en Annexe 2*).

Bibliographie

1. AMAT J, MATUS-AMAT P, VANEGAS H
    Visual (optokinetic) and somesthetic inputs to the cerebellum of bilaterally
        labyrinthectomized frogs
    Neuroscience 1984 ; 11 : 885-91

2. ANDERSSON L, ULFENDAHL M, THAM R
    A method for studying the effects of neurochemicals on long-term compensation in
        unilaterally labyrinthectomized rats
    J Neural Transplant Plast 1997 ; 6 : 105-13

3. ANNIKO M, WERSALL J
    Experimentally (atoxyl) induced ampullar degeneration and damage to the maculae
        utriculi
    Acta Otolaryngol 1977 ; 83 : 429-40

4. AOKI M, MIYATA H, MIZUTA K, ITO Y
    Evidence for the involvement of NMDA receptors in vestibular compensation
    J Vestib Res 1996 ; 6 : 315-7

5. AZZENA GB
    Role of the spinal cord in compensating the effects of hemilabyrinthectomy
    Arch Ital Biol 1969 ; 107 : 43-53

6. AZZENA GB, MAMELI O, TOLU E
    Cerebellar contribution in compensating the vestibular function
    Prog Brain Res 1979 ; 50 : 599-606

7. BAKER J, GOLDBERG J, PETERSON B, SCHOR R
    Oculomotor reflexes after semicircular canal plugging in cats
    Brain Res 2-12-1982 ; 252 : 151-5

8. BAKER R, BERTHOZ A

Organization of vestibular nystagmus in oblique oculomotor system

J Neurophysiol 1974 ; 37 : 195-217

9. BASTIAN D., TAN BA HUY P

Organogénèse de l'oreille moyenne

In :ENCYCL.MED.CHIR.

Paris : Elsevier, 1996.p.1-12

10. BECHTEREW V

Ergebnisse der Durchschneidung des N.acusticus, nebst Erörterung der Bedeutung der

semicirculären Canäl für das Körpergleichgewitcht

Pflügers Arch ges physiol 1883 ; 30 : 312-47

11. BERGQUIST F, RUTHVEN A, LUDWIG M, DUTIA MB

Histaminergic and glycinergic modulation of GABA release in the vestibular nuclei of

normal and labyrinthectomised rats

J Physiol 15-12-2006 ; 577 : 857-68

12. BRODAL A, ANGAUT P

The termination of spinovestibular fibres in the cat

Brain Res 1967 ; 5 : 494-500

13. BRODSKY MC, DONAHUE SP, VAPHIADES M, BRANDT T

Skew deviation revisited

Surv Ophthalmol 2006 ; 51 : 105-28

14. CALZA L, GIARDINO L, ZANNI M, GALETTI G

Muscarinic and gamma-aminobutyric acid-ergic receptor changes during vestibular

compensation. A quantitative autoradiographic study of the vestibular nuclei

complex in the rat

Eur Arch Otorhinolaryngol 1992 ; 249 : 34-9

15. CANGUILHEM G

Le normal et le pathologique

In :PRESSE UNIVERSITAIRE DE FRANCE

Paris : Quadrige, 1966.p.

16. CARPENTER MB

Vestibular nuclei: afferent and efferent projections

Prog Brain Res 1988 ; 76 : 5-15

17. COURJON JH, FLANDRIN JM, JEANNEROD M, SCHMID R

The role of the flocculus in vestibular compensation after hemilabyrinthectomy

Brain Res 6-5-1982 ; 239 : 251-7

18. COURJON JH, JEANNEROD M

Visual substitution of labyrinthine defects

Prog Brain Res 1979 ; 50 : 783-92

19. COURJON JH, JEANNEROD M, OSSUZIO I, SCHMID R

The role of vision in compensation of vestibulo ocular reflex after
    hemilabyrinthectomy in the cat

Exp Brain Res 27-6-1977 ; 28 : 235-48

20. COURJON JH, JEANNEROD M, OSSUZIO I, SCHMID R

The role of vision in compensation of vestibulo ocular reflex after
    hemilabyrinthectomy in the cat

Exp Brain Res 27-6-1977 ; 28 : 235-48

21. CUMMINS H

The vestibular labyrinth of the albino rat : form and dimensions and the orientation of
    the semicircular canal, cristae and maculae

J Comp Neurol 1924 ; 38 : 399-459

22. DE JONG PT, DE JONG JM, COHEN B, JONGKEES LB

Ataxia and nystagmus induced by injection of local anesthetics in the Neck

Ann Neurol 1977 ; 1 : 240-6

23. DE WAELE C, ABITBOL M, CHAT M, MENINI C, MALLET J, VIDAL PP

Distribution of glutamatergic receptors and GAD mRNA-containing neurons in the vestibular nuclei of normal and hemilabyrinthectomized rats.

Eur J Neurosci 1994 ; 6(4) : 565-76

24. DE WAELE C, MUHLETHALER M, VIDAL PP

Neurochemistry of the central vestibular pathways

Brain Res Brain Res Rev 1995 ; 20 : 24-46

25. DELIAGINA TG, POPOVA LB, GRANT G

The role of tonic vestibular input for postural control in rats

Arch Ital Biol 1997 ; 135 : 239-61

26. DELLA SANTINA CC, MIGLIACCIO AA, PATEL AH

A multichannel semicircular canal neural prosthesis using electrical stimulation to restore 3-d vestibular sensation

IEEE Trans Biomed Eng 2007 ; 54 : 1016-30

27. DICHGANS J, BIZZI E, MORASSO P, TAGLIASCO V

Mechanisms underlying recovery of eye-head coordination following bilateral labyrinthectomy in monkeys

Exp Brain Res 20-12-1973 ; 18 : 548-62

28. DONEVAN AH, NEUBER-HESS M, ROSE PK

Multiplicity of vestibulospinal projections to the upper cervical spinal cord of the cat: a study with the anterograde tracer Phaseolus vulgaris leucoagglutinin

J Comp Neurol 1-12-1990 ; 302 : 1-14

29. ENDO K, THOMSON DB, WILSON VJ, YAMAGUCHI T, YATES BJ

Vertical vestibular input to and projections from the caudal parts of the vestibular nuclei of the decerebrate cat

J Neurophysiol 1995 ; 74 : 428-36

30. ERB DE, POVLISHOCK JT

Neuroplasticity following traumatic brain injury: a study of GABAergic terminal loss and recovery in the cat dorsal lateral vestibular nucleus

Exp Brain Res 1991 ; 83 : 253-67

31. FARHAT F, REBER A, LEROY MH, MESSEDI M, COURJON JH

   Rapid compensation of horizontal optokinetic nystagmus in hemilabyrinthectomized
     rats: a fast return to symmetry

   Arch Ital Biol 1995 ; 133 : 251-61

32. FAUGIER-GRIMAUD S, VENTRE J

   Anatomic connections of inferior parietal cortex (area 7) with subcortical structures
     related to vestibulo-ocular function in a monkey (Macaca fascicularis)

   J Comp Neurol 1-2-1989 ; 280 : 1-14

33. FETTER M, ZEE DS

   Recovery from unilateral labyrinthectomy in rhesus monkey

   J Neurophysiol 1988 ; 59 : 370-93

34. FETTER M, ZEE DS, PROCTOR LR

   Effect of lack of vision and of occipital lobectomy upon recovery from unilateral
     labyrinthectomy in rhesus monkey

   J Neurophysiol 1988 ; 59 : 394-407

35. FINGER S, ALMLI CR

   Brain damage and neuroplasticity: mechanisms of recovery or development?

   Brain Res 1985 ; 357 : 177-86

36. FIRBAS W, SINZINGER H

   [Fiber analytical studies of the cochlear nerve in various mammals]

   Z Mikrosk Anat Forsch 1972 ; 85 : 319-24

37. FLOURENS M

   Recherches experimentales sur les propriétés et les fonctions du système nerveux dans
     les animaux vertébrés

   In :Paris : Crevot, 1824.p.

38. FUKUSHIMA K, TAKAHASHI K, KUDO J, KATO M

   Interstitial-vestibular interaction in the control of head posture

   Exp Brain Res 1985 ; 57 : 264-70

39. GACEK RR, SCHOONMAKER JE

Morphologic changes in the vestibular nerves and nuclei after labyrinthectomy in the
cat: a case for the neurotrophin hypothesis in vestibular compensation
Acta Otolaryngol 1997 ; 117 : 244-9

40. GALIANA HL, FLOHR H, JONES GM
A reevaluation of intervestibular nuclear coupling: its role in vestibular compensation
J Neurophysiol 1984 ; 51 : 242-59

41. GALIANA HL, OUTERBRIDGE JS
A bilateral model for central neural pathways in vestibuloocular reflex
J Neurophysiol 1984 ; 51 : 210-41

42. GOLDBERGER ME, MURRAY M
Patterns of sprouting and implications for recovery of function
Adv Neurol 1988 ; 47 : 361-85

43. GONG W, MERFELD DM
Prototype neural semicircular canal prosthesis using patterned electrical stimulation
Ann Biomed Eng 2000 ; 28 : 572-81

44. GRANTYN A, ONG-MEANG J, V, BERTHOZ A
Reticulo-spinal neurons participating in the control of synergic eye and head
movements during orienting in the cat. II. Morphological properties as
revealed by intra-axonal injections of horseradish peroxidase
Exp Brain Res 1987 ; 66 : 355-77

45. GREENE E.C.
Anatomy of the rat
In :AMERICAN PHILOSOPHICAL SOCIETY
New York : Hafner Publishing Company, 1935.p.

46. GUSTAVE DIT DUFLO SYLVIE
Adaptation et restauration des fonctions vestibulaires
In :Montpellier II : These de Neurosciences, 1998.p.

47. HEBEL, RUDOLF
Sensory organs

In :WILLIAMS & WILKINS
Baltimore : 1976.p.145-52

48. HEBEL, RUDOLF, STROMBERG
Anatomy of the laboratory rat.Baltimore : 1976.p.

49. HIGHSTEIN SM, MCCREA RA
The anatomy of the vestibular nuclei
Rev Oculomot Res 1988 ; 2 : 177-202

50. HITIER M
Inflence du système nerveux sympathique dans la déminéralisation osseuse induite
après labyrinthectomie chez le rat
In :UNIVERSITÉ RENÉ DESCARTES
Paris V : 2007.p.1-30

51. HITIER M, EDY E, SALAME E, and al.
Anatomie du nerf facial
In :ENCYCL.MED.CHIR.
Paris : Elsevier, 2006.p.1-16

52. HUNT MA, MILLER SW, NIELSON HC, HORN KM
Intratympanic injection of sodium arsanilate (atoxyl) solution results in postural
changes consistent with changes described for labyrinthectomized rats
Behav Neurosci 1987 ; 101 : 427-8

53. IGARASHI M, WATANABE T, MAXIAN PM
Dynamic equilibrium in squirrel monkeys after unilateral and bilateral
labyrinthectomy
Acta Otolaryngol 1970 ; 69 : 247-53

54. JUDKINS RF, LI H
Surgical anatomy of the rat middle ear
Otolaryngol Head Neck Surg 1997 ; 117 : 438-47

55. KASAI T, ZEE DS
Eye-head coordination in labyrinthine-defective human beings

Brain Res 7-4-1978 ; 144 : 123-41

56. KASRI M, PICQUET F, FALEMPIN M
    Effects of unilateral and bilateral labyrinthectomy on rat postural muscle properties:
        the soleus
    Exp Neurol 2004 ; 185 : 143-53

57. KAUFMAN GD, ANDERSON JH, BEITZ AJ
    Brainstem Fos expression following acute unilateral labyrinthectomy in the rat
    Neuroreport 1992 ; 3 : 829-32

58. KAUFMAN GD, ANDERSON JH, BEITZ AJ
    Otolith-brain stem connectivity: evidence for differential neural activation by
        vestibular hair cells based on quantification of FOS expression in unilateral
        labyrinthectomized rats
    J Neurophysiol 1993 ; 70 : 117-27

59. KIM MS, KIM JH, JIN YZ, KRY D, PARK BR
    Temporal changes of cFos-like protein expression in medial vestibular nuclei
        following arsanilate-induced unilateral labyrinthectomy in rats
    Neurosci Lett 8-2-2002 ; 319 : 9-12

60. KITAHARA T, TAKEDA N, EMSON PC, KUBO T, KIYAMA H
    Changes in nitric oxide synthase-like immunoreactivities in unipolar brush cells in the
        rat cerebellar flocculus after unilateral labyrinthectomy
    Brain Res 8-8-1997 ; 765 : 1-6

61. KITAHARA T, TAKEDA N, KIYAMA H, KUBO T
    Molecular mechanisms of vestibular compensation in the central vestibular system--
        review
    Acta Otolaryngol Suppl 1998 ; 539 : 19-27

62. KITAHARA T, TAKEDA N, UNO A, KUBO T, MISHINA M, KIYAMA H
    Unilateral labyrinthectomy downregulates glutamate receptor delta-2 expression in the
        rat vestibulocerebellum

Brain Res Mol Brain Res 30-10-1998 ; 61 : 170-8

63. KORTE GE, FRIEDRICH VL, JR.
    The fine structure of the feline superior vestibular nucleus: identification and
        synaptology of the primary vestibular afferents
    Brain Res 26-10-1979 ; 176 : 3-32

64. LACOUR M, ROLL JP, APPAIX M
    Modifications and development of spinal reflexes in the alert baboon (Papio papio)
        following an unilateral vestibular neurotomy
    Brain Res 27-8-1976 ; 113 : 255-69

65. LECOINTRE G, LE GUYADER H
    Classification phylogenetique du vivant.Paris : Belin, 2001.p.

66. LI H, GODFREY DA, RUBIN AM
    Comparison of surgeries for removal of primary vestibular inputs: a combined
        anatomical and behavioral study in rats
    Laryngoscope 1995 ; 105 : 417-24

67. LIU P, ZHENG Y, KING J, DARLINGTON CL, SMITH PF
    Long-term changes in hippocampal n-methyl-D-aspartate receptor subunits following
        unilateral vestibular damage in rat
    Neuroscience 2003 ; 117 : 965-70

68. LLINAS R, WALTON K, HILLMAN DE, SOTELO C
    Inferior olive: its role in motor learning
    Science 19-12-1975 ; 190 : 1230-1

69. LOZADA AF, AARNISALO AA, KARLSTEDT K, STARK H, PANULA P
    Plasticity of histamine H3 receptor expression and binding in the vestibular nuclei
        after labyrinthectomy in rat
    BMC Neurosci 10-9-2004 ; 5 : 32

70. LU W, XU J, SHEPHERD RK
    Cochlear implantation in rats: a new surgical approach
    Hear Res 2005 ; 205 : 115-22

71. LUYTEN WH, SHARP FR, RYAN AF

    Regional differences of brain glucose metabolic compensation after unilateral
        labyrinthectomy in rats: a [14C]2-deoxyglucose study

    Brain Res 14-5-1986 ; 373 : 68-80

72. MAGNUS R

    Körperstellung

    In :Berlin : Springer, 1924.p.

73. MAGNUSSON AK, THAM R

    Vestibulo-oculomotor behaviour in rats following a transient unilateral vestibular loss
        induced by lidocaine

    Neuroscience 2003 ; 120 : 1105-14

74. MAGNUSSON AK, THAM R

    Reversible and controlled peripheral vestibular loss by continuous infusion of
        ropivacaine (Narop) into the round window niche of rats

    Neurosci Lett 29-5-2006 ; 400 : 16-20

75. MARSHALL JF

    Brain function: neural adaptations and recovery from injury

    Annu Rev Psychol 1984 ; 35 : 277-308

76. MCCABE BF, RYU JH

    Experiments on vestibular compensation

    Laryngoscope 1969 ; 79 : 1728-36

77. MURPHY WJ, EIZIRIK E, JOHNSON WE, ZHANG YP, RYDER OA, O'BRIEN SJ

    Molecular phylogenetics and the origins of placental mammals

    Nature 1-2-2001 ; 409 : 614-8

78. NETTER F.H.

    Atlas d'anatomie Humaine

In :MASSON

Paris : Icon Learning Systems, 2004.p.

79. NIETZSCHE F

Maximes et pointes

In :LES CLASSIQUES DE LA PHILO

Paris : Hatier, 1888.p.

80. OHNO K, TAKEDA N, KIYAMA H, KUBO T, TOHYAMA M

Occurrence of galanin-like immunoreactivity in vestibular and cochlear efferent
neurons after labyrinthectomy in the rat.

Brain Res 1994 ; 644(1) : 135-43.

81. OSSENKOPP KP, HARGREAVES EL

Spatial learning in an enclosed eight-arm radial maze in rats with sodium arsanilate-
induced labyrinthectomies

Behav Neural Biol 1993 ; 59 : 253-7

82. OSSENKOPP KP, RABI YJ, ECKEL LA, HARGREAVES EL

Reductions in body temperature and spontaneous activity in rats exposed to horizontal
rotation: abolition following chemical labyrinthectomy

Physiol Behav 1994 ; 56 : 319-24

83. PANULA P, PIRVOLA U, AUVINEN S, AIRAKSINEN MS

Histamine-immunoreactive nerve fibers in the rat brain

Neuroscience 1989 ; 28 : 585-610

84. PELLIS SM, PELLIS VC, TEITELBAUM P

Labyrinthine and other supraspinal inhibitory controls over head-and-body
ventroflexion

Behav Brain Res 13-12-1991 ; 46 : 99-102

85. PETERSON BW, ABZUG C

Properties of projections from vestibular nuclei to medial reticular formation in the cat

J Neurophysiol 1975 ; 38 : 1421-35

86. PETERSON BW, COULTER JD

A new long spinal projection from the vestibular nuclei in the cat
Brain Res 18-2-1977 ; 122 : 351-6

87. PINILLA M, RAMIREZ-CAMACHO R, JORGE E, TRINIDAD A, VERGARA J
Ventral approach to the rat middle ear for otologic research
Otolaryngol Head Neck Surg 2001 ; 124 : 515-7

88. POMPEIANO O
Relationship of noradrenergic locus coeruleus neurones to vestibulospinal reflexes
Prog Brain Res 1989 ; 80 : 329-43

89. POMPEIANO O, MERGNER T, CORVAJA N
Commissural, perihypoglossal and reticular afferent projections to the vestibular
    nuclei in the cat. An experimental anatomical study with the method of the
    retrograde transport of horseradish peroxidase
Arch Ital Biol 1978 ; 116 : 130-72

90. POPESKO P, RAJTOVA V, HORAK J
A color Atlas of small laboratory animals : vol.2 Rat, Mouse, Hamster
In :SAUNDERS
London : 1992.p.1-253

91. PORTER JD, PELLIS SM, MEYER ME
An open-field activity analysis of labyrinthectomized rats
Physiol Behav 1990 ; 48 : 27-30

92. PORTMANN M, PORTMANN D
Voies d'accés principales
In :Paris : Masson, 1997.p.7-11

93. POTEGAL M, ABRAHAM L, GILMAN S, COPACK P
Technique for vestibular neurotomy in the rat
Physiol Behav 1975 ; 14 : 217-21

94. PRAETORIUS M, LIMBERGER A, MULLER M, LEHNER R, SCHICK B,
ZENNER HP, PLINKERT P, KNIPPER M

A novel microperfusion system for the long-term local supply of drugs to the inner
ear: implantation and function in the rat model

Audiol Neurootol 2001 ; 6 : 250-8

95. PUEGE P F

Morphogenèse et phylogenèse : comment l'homme s'est-il constitué à partir de ses
ancêtres ?

In :ENCYCL MED CHIR

Paris : Elsevier, 2006.p.1-16

96. PUTKONEN PT, COURJON JH, JEANNEROD M

Compensation of postural effects of hemilabyrinthectomy in the cat. A sensory
substitution process?

Exp Brain Res 27-6-1977 ; 28 : 249-57

97. QIU J, OLIVIUS P, TONG B, BORG E, DUAN M

Ventral approach to rat inner ear preserves cochlear function

Acta Otolaryngol 2007 ; 127 : 240-3

98. RAPOPORT S, SUSSWEIN A, UCHINO Y, WILSON VJ

Properties of vestibular neurones projecting to neck segments of the cat spinal cord

J Physiol 1977 ; 268 : 493-510

99. RAYMOND J, EZ-ZAHER L, DEMEMES D, LACOUR M

Quantification of synaptic density changes in the medial vestibular nucleus of the cat
following vestibular neurectomy

Rest Neurol and Neurosci 1991 ; 3 : 197-203

100. RIED S, MAIOLI C, PRECHT W

Vestibular nuclear neuron activity in chronically hemilabyrinthectomized cats

Acta Otolaryngol 1984 ; 98 : 1-13

101. ROSE PK, WAINWRIGHT K, NEUBER-HESS M

Connections from the lateral vestibular nucleus to the upper cervical spinal cord of the
cat: a study with the anterograde tracer PHA-L

J Comp Neurol 8-7-1992 ; 321 : 312-24

102. SALIN P, KERKERIAN-LE GOFF L, HEIDET V, EPELBAUM J, NIEOULLON A

    Somatostatin-immunoreactive neurons in the rat striatum: effects of corticostriatal and

        nigrostriatal dopaminergic lesions

    Brain Res 25-6-1990 ; 521 : 23-32

103. SAXON DW, ANDERSON JH, BEITZ AJ

    Transtympanic tetrodotoxin alters the VOR and Fos labeling in the vestibular complex

    Neuroreport 8-10-2001 ; 12 : 3051-5

104. SCHAEFER KP, MEYER DL

    Compensation of vestibular lesions

    In :KORNHUBER HH

    Berlin : Springer, 1974.p.463-90

105. SCHAEFER KP, MEYER DL, WILHELMS G

    Somatosensory and cerebellar influences on compensation of labyrinthine lesions

    Prog Brain Res 1979 ; 50 : 591-8

106. SCHAFFER KP, MEYER DL

    Compensation of vestibular lesions

    In :KORNHUBER HH

    Berlin : Springer, 1974.p.463-90

107. SCHUERGER RJ, BALABAN CD

    Immunohistochemical demonstration of regionally selective projections from locus

        coeruleus to the vestibular nuclei in rats

    Exp Brain Res 1993 ; 92 : 351-9

108. SCHWARZ DW, HU K

    Bechterew decompensation

    Acta Otolaryngol 1986 ; 101 : 389-94

109. SHKEL AM, ZENG FG

    An electronic prosthesis mimicking the dynamic vestibular function

    Audiol Neurootol 2006 ; 11 : 113-22

110. SIMPSON JI, GIOLLI RA, BLANKS RH

The pretectal nuclear complex and the accessory optic system

Rev Oculomot Res 1988 ; 2 : 335-64

111. SIRKIN DW, PRECHT W, COURJON JH

Initial, rapid phase of recovery from unilateral vestibular lesion in rat not dependent on survival of central portion of vestibular nerve

Brain Res 8-6-1984 ; 302 : 245-56

112. SMITH PF, CURTHOYS IS

Mechanisms of recovery following unilateral labyrinthectomy: a review

Brain Res Brain Res Rev 1989 ; 14 : 155-80

113. SMITH PF, HORII A, RUSSELL N, BILKEY DK, ZHENG Y, LIU P, KERR DS, DARLINGTON CL

The effects of vestibular lesions on hippocampal function in rats

Prog Neurobiol 2005 ; 75 : 391-405

114. SPITZER M, BOHLER P, WEISBROD M, KISCHKA U

A neural network model of phantom limbs

Biol Cybern 1995 ; 72 : 197-206

115. STACKMAN RW, HERBERT AM

Rats with lesions of the vestibular system require a visual landmark for spatial navigation

Behav Brain Res 7-1-2002 ; 128 : 27-40

116. T'ANG Y, WU C F

The effects of unilateral labyrinthectomy in the albino rat

Chinese Journal of Physiology 1936 ; 10 : 571-98

117. T'ANG Y, WU C F

The effects of bilateral labyrinthectomy in the albino rat

Proceedings of the Chinese Physiological Society 1937 ; 10 : 33-4

118. THOMPSON GC, IGARASHI M, CORTEZ AM

GABA imbalance in squirrel monkey after unilateral vestibular end-organ ablation

Brain Res 2-4-1986 ; 370 : 182-5

119. TIGHILET B, BREZUN JM, SYLVIE GD, GAUBERT C, LACOUR M

New neurons in the vestibular nuclei complex after unilateral vestibular neurectomy in
the adult cat

Eur J Neurosci 2007 ; 25 : 47-58

120. TIGHILET B, LACOUR M

Distribution of histaminergic axonal fibres in the vestibular nuclei of the cat

Neuroreport 22-3-1996 ; 7 : 873-8

121. TIGHILET B, LACOUR M

Histamine immunoreactivity changes in vestibular-lesioned and histaminergic-treated
cats

Eur J Pharmacol 2-7-1997 ; 330 : 65-77

122. TIGHILET B, LACOUR M

Distribution of choline acetyltransferase immunoreactivity in the vestibular nuclei of
normal and unilateral vestibular neurectomized cats

Eur J Neurosci 1998 ; 10 : 3115-26

123. TIGHILET B, LACOUR M

Gamma amino butyric acid (GABA) immunoreactivity in the vestibular nuclei of
normal and unilateral vestibular neurectomized cats

Eur J Neurosci 2001 ; 13 : 2255-67

124. TIGHILET B, LEONARD J, LACOUR M

Betahistine dihydrochloride treatment facilitates vestibular compensation in the cat

J Vestib Res 1995 ; 5 : 53-66

125. TIGHILET B, MOURRE C, TROTTIER S, LACOUR M

Histaminergic ligands improve vestibular compensation in the cat: behavioural, neurochemical and molecular evidence

Eur J Pharmacol 30-7-2007 ; 568 : 149-63

126. TIGHILET B, TROTTIER S, LACOUR M

Dose- and duration-dependent effects of betahistine dihydrochloride treatment on histamine turnover in the cat

Eur J Pharmacol 31-10-2005 ; 523 : 54-63

127. TURKEWITSCH B G

Comparative anatomical investigation of the osseous labyrinth (vestibule) in mammals

Am J Anat 1935 ; 57 : 503-43

128. UCHINO Y, SASAKI M, SATO H, IMAGAWA M, SUWA H, ISU N

Utriculoocular reflex arc of the cat

J Neurophysiol 1996 ; 76 : 1896-903

129. VIBERT N, VIDAL PP

In vitro effects of acetyl-DL-leucine (tanganil) on central vestibular neurons and vestibulo-ocular networks of the guinea-pig.

Eur J Neurosci 2001 ; 13(4) : 735-48

130. WAESPE W, SCHWARZ U, WOLFENSBERGER M

Firing characteristics of vestibular nuclei neurons in the alert monkey after bilateral vestibular neurectomy

Exp Brain Res 1992 ; 89 : 311-22

131. WALL PD, EGGER MD

Formation of new connexions in adult rat brains after partial deafferentation

Nature 20-8-1971 ; 232 : 542-5

132. WALLACE DG, HINES DJ, PELLIS SM, WHISHAW IQ

Vestibular information is required for dead reckoning in the rat

J Neurosci 15-11-2002 ; 22 : 10009-17

133. WEIJNEN JA, SURINK S, VERSTRALEN MJ, MOERKERKEN A, DE BREE GJ, BLEYS RL
   Main trajectories of nerves that traverse and surround the tympanic cavity in the rat
   J Anat 2000 ; 197 (Pt 2) : 247-62

134. WEISZ N, MULLER S, SCHLEE W, DOHRMANN K, HARTMANN T, ELBERT T
   The neural code of auditory phantom perception
   J Neurosci 7-2-2007 ; 27 : 1479-84

135. WILSON VJ, MAEDA M
   Connections between semicircular canals and neck motorneurons in the cat
   J Neurophysiol 1974 ; 37 : 346-57

136. XERRI C, GIANNI S, MANZONI D, POMPEIANO O
   Central compensation of vestibular deficits. I. Response characteristics of lateral
      vestibular neurons to roll tilt after ipsilateral labyrinth deafferentation
   J Neurophysiol 1983 ; 50 : 428-48

137. XERRI C, GIANNI S, MANZONI D, POMPEIANO O
   Central compensation of vestibular deficits. IV. Responses of lateral vestibular
      neurons to neck rotation after labyrinth deafferentation
   J Neurophysiol 1985 ; 54 : 1006-25

138. YAMAMOTO H, TOMINAGA M, SONE M, NAKASHIMA T
   Contribution of stapedial artery to blood flow in the cochlea and its surrounding bone
   Hear Res 2003 ; 186 : 69-74

139. ZHENG Y, DARLINGTON CL, SMITH PF
   Bilateral labyrinthectomy causes long-term deficit in object recognition in rat
   Neuroreport 26-8-2004 ; 15 : 1913-6

140. ZHENG Y, HORII A, APPLETON I, DARLINGTON CL, SMITH PF
   Damage to the vestibular inner ear causes long-term changes in neuronal nitric oxide
      synthase expression in the rat hippocampus
   Neuroscience 2001 ; 105 : 1-5

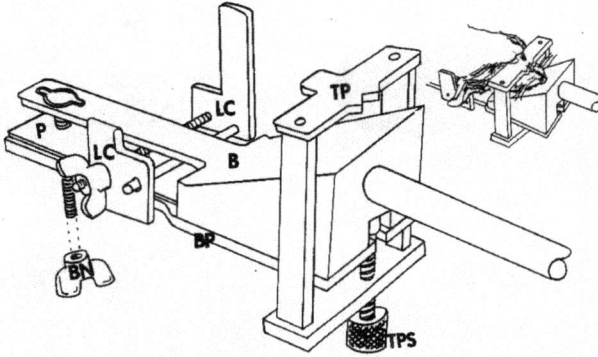

FIG. 1. Headholder for vestibular surgery. The stainless steel tooth plate (TP) is mounted on a frame and clamps the head when the tooth plate screw (TPS) is tightened. The rat's upper incisors are caught in the V-notch (see inset); the caudal extension of the tooth plate fits over the molars. The end of the TPS slides along the rostro-caudal axis in a slot between the aluminum body (B) and stainless steel base plate (BP). The lateral clamp (LC) which constrains lateral movement of the head, is fixed between the headholder body and base plate by tightening the base plate wing nut (BN). A layer of plastic (P) glued to the base plate strengthens the grip on the lateral clamp. Dimensions available upon request.

A. PTERYGOPALATINE ARTERY ELECTRODE TIP

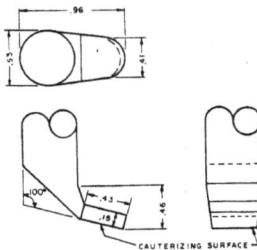

CAUTERIZING SURFACES

millimeters
0   .25   .50   .75   1.00

B. VESTIBULAR NERVE ELECTRODE TIP

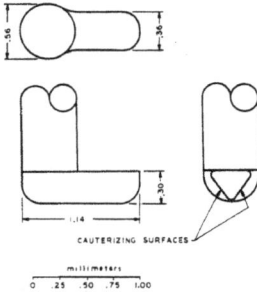

CAUTERIZING SURFACE

Annexe 1 : Materiel utilisé par Potegal lors de sa technique de labyrinthectomie par voie dorsale : tetière opératoire (en haut), électrode de coagulation de l'artère pterygopalatine (A), électrode de coaguation intra-labyrintique (B).[93]

FIG. 2. Electrodes used in vestibular surgery. (A) The pterygopalatine artery electrode is made from 22 ga annealed (heated and water quenched) copper wire. The triangular cross section of the electrode foot provides two surfaces which may be placed alongside and in contact with the artery. The malleability of the wire is useful in bending it so that the electrode foot may be placed without obscuring the surgeon's view. The electrode is Formvar insulated except for the two lower surfaces of the foot. (B) The vestibular electrode is bent, ground, and filed from the stainless steel stylet (0.53 mm dia.) of an 18 ga needle. It is completely insulated except at the bottom.

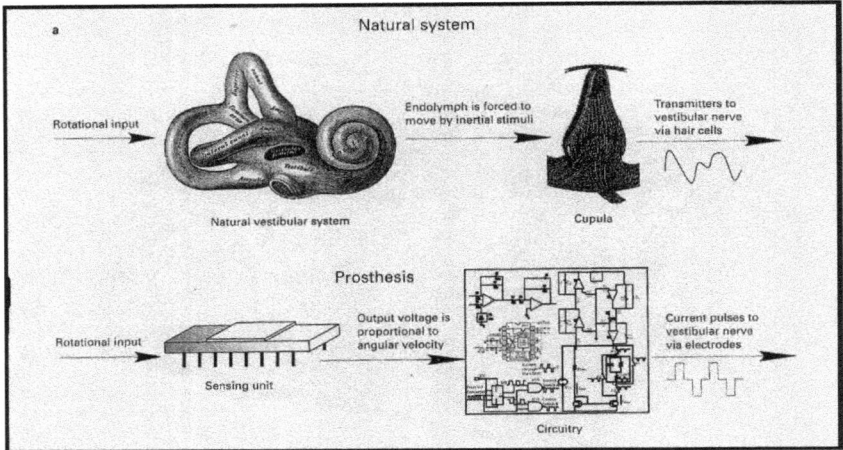

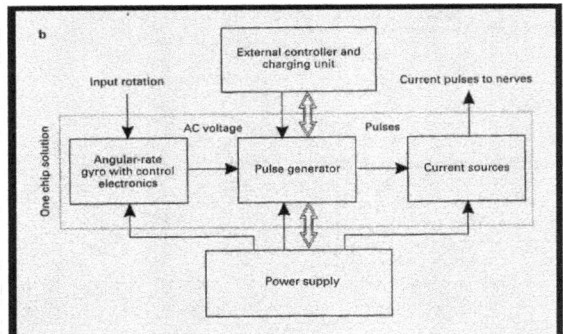

Fig. 1. a Comparison of the natural and
prosthetic vestibular systems. b The func-
tional block diagram of a MEMS-based vestibular prosthesis mimicking the dynamic
function of the natural vestibular system.

Annexe 2 : Comparaison du système vestibulaire naturel et de la prothèse vestibulaire d'après Andrei
Shkel [109]

124

www.ingramcontent.com/pod-product-compliance
Lightning Source LLC
Chambersburg PA
CBHW021932220326
41598CB00061BA/1400